随园食单

[清] 袁枚 —— 著

魏水华 注译

岳麓书社 · 长沙

前　言

钱锺书曾说过，人生最和谐的两件事莫过于烹饪与音乐。火盐相生，给予烹饪天然的意蕴，试种五谷、驯养六畜，又赋予烹调新的内涵。

稷，本指黍类或谷类粮食，为百谷之王，为民之根本，所以古人才会把国家说成"江山社稷"。老子也说过"治大国若烹小鲜"，治理大国应该像烹小鱼一样小心谨慎才好。在中国传统文化中，"吃"已和国家治理密不可分。

吃是人生一大乐事，但凡入嘴之物，都可用"吃"来描述：喝酒可叫吃酒，抽烟则是吃烟。小小厨房，方寸之地，刀案之间，尝遍酸甜苦辣，尽显人生百态。做菜的过程，是人生经历的浓缩。司厨者做菜，是一种技术；司命运者做事，是一种智慧；司人生者做人，是一种艺术。

开门七件事，柴米油盐酱醋茶，讲的就是一个"吃"字。只可惜虽然人人吃饭，却不是人人识得此中真味，虽然每日三餐都在吃，但真正懂得吃的人很少。

袁枚，就是这种能吃会吃、知味懂味的主儿，他生于康熙五十五年（1716），死于嘉庆三年（1798），享年82岁，一生处在"康乾盛世"。饮食是社会的一面镜子，能直接反映当时的情况。时局动荡，兵荒马乱，连命都顾不上、饭都吃不饱，就根本谈不上美食；只有清平世界、繁荣社会才能造就美食和美食家。康乾盛世是大清朝鼎盛时期，社会给袁枚提供了机缘，造就了一个美食家。但美食家的诞生绝不是有钱就行。

袁枚少负盛名，与纪晓岚并称南袁北纪，才华出众，诗文冠名南北，为人潇洒不羁，长期优游林下，把研究吃喝当成自己生活中的乐趣。由于身份特殊，袁枚结识了许多名流贵族，也得到了许多品尝佳味的机会，并且对吃的东西自有一番理论。他虽是君子而未远离庖厨，不仅喜欢吃，而且每吃到佳品都会记下来，集四十年之功，留下了被后世视为枕中秘籍的《随园食单》。

这本书，是中国古代烹饪理论与实践的集大成之作。它第一次全面而系统地总结了中国烹饪的成就，记载了乾隆时期流行于我国南北各地的三百多种菜肴点心，是一笔极为珍贵的文化遗产，近三百年来流传甚广。《随园食单》分为须知单、戒单、海鲜单、江鲜单、特牲单、杂牲单、羽族单、水族有鳞单、水族无鳞单、杂素菜单、小菜单、点心单、饭粥单和茶酒单十四个部分。须知单和戒单分别提出饮食操作的要求和应当注意的事项，其余十二部分记述了当时流行的三百多种菜肴饭点，以江、浙、皖三地风味居多，堪为一部享誉古今、驰名中外的代表中国饮食文化及烹饪方法的名著。

目　录

原　序

诗人美周公①而曰"笾豆有践"②，恶凡伯③而曰"彼疏斯粺"④。古之于饮食也，若是重乎？他若《易》称"鼎烹"，《书》称"盐梅"，《乡党》《内则》琐琐言之。孟子虽贱"饮食之人"，而又言饥渴未能得饮食之正。可见凡事须求一是处，都非易言。《中庸》曰："人莫不饮食也，鲜能知味也。"《典论》曰："一世长者知居处，三世长者知服食。"古人进鬐离肺⑤皆有法焉，未尝苟且。

"子与人歌而善，必使反之，而后和之。"圣人于一艺之微，其善取于人也如是。余雅慕此旨，每食于某氏而饱，必使家厨往彼灶觚⑥，执弟子之礼。四十年来，颇集众美。

---

① 周公：西周政治家、思想家，姓姬名旦，周文王第四子、武王弟弟，曾辅佐周武王东伐纣王，并制作礼乐，天下大治。
② 笾豆有践：餐具摆放得整齐。笾，古代祭祀及宴会中用以盛果脯的竹编食器。豆，古代食器，初以木制，形似高足盘，后多用于祭祀。践，陈列整齐、行列有序之状。
③ 凡伯：王室宗族、周幽王的权臣，不学无术而学周公摆宴席。
④ 彼疏斯粺：疏，粗，即糙米。粺，即粺，指精米。
⑤ 进鬐离肺：鬐，原指鱼脊、鱼鳍，此处指鱼或鱼翅。离肺，分割猪牛羊等祭品的肺叶。
⑥ 灶觚：原指灶口平地突出处，此处代指厨房。

有学就者，有十分中得六七者，有仅得二三者，亦有竟失传者。余都问其方略，集而存之。虽不甚省记，亦载某家某味，以志景行。自觉好学之心，理宜如是。虽死法不足以限生厨，名手作书，亦多出入，未可专求之于故纸；然能率由旧章，终无大谬。临时治具①，亦易指名。

或曰："人心不同，各如其面。子能必天下之口，皆子之口乎？"曰："执柯以伐柯，其则不远。②吾虽不能强天下之口与吾同嗜，而姑且推己及物；则食饮虽微，而吾于忠恕之道，则已尽矣。吾何憾哉！"若夫《说郛》所载饮食之书三十余种，眉公、笠翁③，亦有陈言。曾亲试之，皆阏④于鼻而蜇⑤于口，大半陋儒附会，吾无取焉。

【译文】

诗人赞美周公说"美食器具，行列有序"，以赞其治国有方；厌恶凡伯无能，说"粗食之人反吃细粮"。可见古人对饮食的重视。至于《周易》说到的烹煮之道，《尚书》提到的盐梅调料，《乡党》《内则》反复提及的饮食细节，不胜枚举。孟子虽鄙视讲究吃喝之人，却又说饥不择食的人不知食之美味。可见，

---

① 治具：置办供宴饮之用的器具。
② 执柯以伐柯，其则不远：比喻遵循一定的准则。柯，斧子柄把。指虽然自己所记载与实际菜肴不一定完全一致，但也有几分相似。
③ 眉公、笠翁：眉公，明代文学家和书画家陈继儒，字仲醇，号眉公。笠翁，明末清初文学家、剧作家李渔，字谪凡，号笠翁。
④ 阏：阻塞，堵塞。
⑤ 蜇：刺痛。

凡事皆须有正确的处理准则，不可轻下结论。《中庸》说："人都要吃喝，可真正能体会出饮食中的滋味的人太少了。"《典论》说："富一辈者知道盖屋，富三代者才懂吃穿。"古人对于食鱼及宰分牛羊肝肺，皆有定法，从不马虎。

"孔子与人唱歌，若人唱得好，必邀其再唱，学而唱和。"孔子对这种小事都能虚心好学，难能可贵。我很仰慕这种精神，每在某处品尝美食之后，都让家厨去后厨拜师学艺。四十年来搜集各家的烹饪技法，其中有的内容一学就会，有的掌握十之六七，有的粗通二三，也有完全失传的。我都虚心讨教其烹饪技法，整理保存。有些烹饪技法虽记得不是很清楚，却也记下出自某家某菜，以表仰慕之情。自认为虚心学习，本应如此。当然，下厨的人不必囿于陈规。即使名家之作也未必全对，因此不可只拘泥菜谱所载之法。然而，若能按书上步骤实践，至少不会犯大错。临时置办酒席时，也有章法可循。

有人说："人心各异，千人千面，怎能保证天下人和您口味一致呢？"我说："像不像，三分样。我虽不强求众人口味与我一样，却无妨把自己喜欢的美食与人分享。饮食实属小事，对于忠恕之道，我心已尽，还有什么可遗憾的呢。"至于《说郛》所载三十多种饮食之书，陈继儒、李渔也有饮食方面的著述。我曾亲手尝试制作，都是难吃至极，多半是浅陋书生牵强附会之作，本书并未采纳。

须 知 单

【导读】

贾铭是中国古代最著名的寿星之一，生于南宋而卒于明初，享年106岁。明太祖朱元璋召问他养生之道，贾铭说："要在慎饮食。"并撰《饮食须知》一书进呈御览。《随园食单》里的这篇《须知单》，大概也有类似的作用——讲的都是形而上的大道理。

须知是对所从事的活动必须知道的事项。以学问类烹饪，开始不写怎么做饭，先洋洋洒洒作一大篇须知，食物怎么指配，何物适合应用，怎么放作料，什么是火候，甚至连洗刷、色臭、器具，都有"须知"。

饮食的境界和做学问相同，都要先学习了解理论，再把理论付诸实践。善于烹饪的人在每次制作菜肴之前就要知晓饮食材料的选用及搭配、作料调放、火候掌握、上菜顺序等事宜，切忌盲目烹制伤及食材本味。

以做学问之道见饮食之境界，袁枚对美食的见解，颇有几分"诸相非相，即见如来"的味道。做学问怎么样，烹饪就怎么样，生活就怎么样。自然而不做作，随意而不拘束，恐怕这才是《随园食单》最想要告诉我们的东西，也是袁枚把《须知单》列在最前的原因。

学问之道，先知而后行，饮食亦然。作《须知单》。

【译文】

做学问的方法，在于先弄懂道理再进行实践，饮食也是如此。所以我把《须知单》写在这本书的最前面。

先天须知

凡物各有先天，如人各有资禀。人性下愚，虽孔、孟教之，无益也；物性不良，虽易牙①烹之，亦无味也。指其大略：猪宜皮薄，不可腥臊；鸡宜骟嫩，不可老稚；鲫鱼以扁身白肚为佳，乌背者，必崛强于盘中；鳗鱼以湖溪游泳为贵，江生者，必槎丫其骨节；谷喂之鸭，其膘肥而白色；壅土②之笋，其节少而甘鲜；同一火腿也，而好丑判若天渊；同一台鲞③也，而美恶分为冰炭。其他杂物，可以类推。大抵一席佳肴，司厨之功居其六，买办之功居其四。

【译文】

任何事物都有它天生的性质，就像人各有不同的天资禀性。

---

① 易牙：传说为春秋时代著名的厨师，他是齐桓公宠幸的近臣，好调味，很善于做菜。
② 壅土：人工培起来的松土，可以促进作物根部发育并防止倒伏。此指沃土。
③ 台鲞（xiǎng）：台州松门出产的一种腌制海鱼，用黄鱼做的叫"黄鱼鲞"，用鳗鱼做的叫"鳗鲞"。

人太笨，就是孔子、孟子来调教，也无济于事；同样，如果食物本性不好，即使让易牙这样的名厨来烹调，也成不了美味。要点大概包括：猪肉应挑皮薄的，不能有腥臊味；鸡最好是阉过的嫩鸡，不要太老或者太小；鲫鱼身扁、肚白的是最好的，黑背的鲫鱼，摆盘会显得难看；鳗鱼以生活在湖水、溪水中的为好，长在江里的一定骨刺又多又硬；稻谷喂的鸭，肉质白嫩肥美；沃土上长出的竹笋，节少而且味道鲜甜；即便是同一条火腿，不同部位的好坏有天壤之别；同一种台鲞，不同品质的差距也好比冰炭。其他的食物可以此类推。一般说来，一桌好的菜肴，厨师手艺占六成功劳，而采买人的水平占四成。

作料须知

厨者之作料，如妇人之衣服首饰也。虽有天姿，虽善涂抹，而敝衣蓝缕，西子亦难以为容。善烹调者，酱用伏酱，先尝甘否；油用香油，须审生熟；酒用酒酿，应去糟粕；醋用米醋，须求清冽。

且酱有清浓之分，油有荤素之别，酒有酸甜之异，醋有陈新之殊，不可丝毫错误。其他葱、椒、姜、桂、糖、盐，虽用之不多，而俱宜选择上品。苏州店卖秋油①，有

---

① 秋油：自立秋之日起，夜露天降，此时深秋第一抽之酱油称为"秋油"。泛指品质比较高的酱油。

上、中、下三等。镇江醋①颜色虽佳，味不甚酸，失醋之本旨矣。以板浦醋为第一，浦口醋次之。

【译文】

厨师用的作料，好比女人的衣服首饰。虽然天生丽质，善于妆扮，但如果穿得破破烂烂，即使西施也难以显示她的美丽。善于烹调的人，酱要用夏日三伏天制作的，用之前还得先尝一尝它的味道是否甜美；油要用香油，还要分辨是生油还是熟油；酒要用酒酿，还要滤去糟粕；醋要用米醋，还要清纯爽口的。

而且酱有清酱、浓酱之分，油有荤油、素油之别，酒有酸、甜的差异，醋有陈、新的区分，使用时不可有丝毫的差错。其他如葱、椒、姜、桂、糖、盐，虽然用得不多，也都应选最好的材料。苏州店铺卖的酱油，有上、中、下三等。镇江醋颜色虽好，但味道不是很酸，失去了醋最重要的特征了。醋以板浦产的最好，浦口产的次之。

洗 刷 须 知

洗刷之法：燕窝去毛，海参去泥，鱼翅去沙，鹿筋去膜。肉有筋瓣，剔之则酥；鸭有肾臊②，削之则净；鱼胆

---

① 镇江醋：镇江作为苏南地区，做的醋往往倾向于江南口味，更偏甜口。这里提到的板浦是今连云港灌云县的板浦镇，浦口是今南京市浦口区，都是江北地区，产的醋口味更浓烈一些。

② 肾臊：一般说的鸭肾指鸭胗，并没有臊味，也不需要去掉。这里应该指的是雄鸭的睾丸。

破，而全盘皆苦；鳗涎存，而满碗多腥；韭删叶而白存；
菜弃边而心出。《内则》曰："鱼去乙，鳖去丑。"此之谓
也。谚云："若要鱼好吃，洗得白筋出。"亦此之谓也。

【译文】

　　洗刷的方法包括：燕窝要去毛，海参要去泥，鱼翅要去沙，
鹿筋要去臊味。肉中的筋膜，要剔除干净才能烧得酥软；雄鸭子
有肾臊，削去才算干净；烹鱼的时候弄破鱼胆，全盘子都是苦
的；鳗鱼的涎水去不净的话，满碗都是腥的；韭菜应该去掉老叶
留下白嫩的部分，菜要去掉外边的部分，用里面的心。《内则》
说："鱼要去掉鱼眼旁边的骨头，甲鱼要去掉去所有带孔的地
方。"说的就是清洗食材时要注意的事项。谚语说："若要鱼好
吃，洗得白筋出。"说的也是这个道理。

调 剂 须 知

　　调剂之法，相物而施。有酒、水兼用者，有专用酒不
用水者，有专用水不用酒者；有盐、酱并用者，有专用清
酱不用盐者，有用盐不用酱者；有物太腻，要用油先炙者；
有气太腥，要用醋先喷者；有取鲜必用冰糖者；有以干燥
为贵者，使其味入于内，煎炒之物是也；有以汤多为贵者，
使其味溢于外，清浮之物是也。

【译文】

调剂味道的方法，要因菜而定。有既用酒又用水的，有专用酒不用水的，有专用水不用酒的；有盐、酱一起用的，有专用清酱不用盐的，有用盐不用酱的；有的东西太油腻，要先用油煎一下；有的气味太腥，要先喷点醋；有的为保持鲜美必须加冰糖；有的东西干一点好，能让它更入味，比如煎炒的东西；有的菜以汤多为好，能使它的味道散发出来，比如清爽的、易浮在汤上的东西。

配搭须知

谚曰："相女配夫。"《记》^① 曰："拟人必于其伦。"烹调之法，何以异焉？凡一物烹成，必需辅佐。要使清者配清，浓者配浓，柔者配柔，刚者配刚，方有和合之妙。其中可荤可素者，蘑菇、鲜笋、冬瓜是也。可荤不可素者，葱、韭、茴香、新蒜是也。可素不可荤者，芹菜、百合、刀豆是也。常见人置蟹粉于燕窝之中，放百合于鸡、猪之肉，毋乃唐尧与苏峻^②对坐，不太悖乎？亦有交互见功者，炒荤菜用素油，炒素菜用荤油是也。

---

① 《记》：应为《礼记·曲礼下》的简称。

② 唐尧与苏峻：尧，封地在唐，所以叫"唐尧"，他开创禅让制，勤政爱民，是古代贤君的代名词；苏峻，晋朝将领、叛臣，曾率军攻入建康，大肆杀掠并专擅朝政，后被勤王军所杀。

【译文】

谚语说："视女人的条件来选择丈夫。"《礼记》上说："比拟一个人，必须用与他相同的一类人。"烹调方法与这有什么差异呢？凡是一道烧得成功的菜，一定要用合适的配料。清淡的菜，那么配料也要清淡；浓烈的菜，那么配料也要浓烈；柔和的菜，配料也要柔和；刚硬的菜，配料也要硬，才能相互契合。比如蘑菇、鲜笋、冬瓜，都是可以荤烧也可素烧的菜；比如葱、韭、茴香、生蒜，都是可荤烧不可素烧的菜；比如芹菜、百合、刀豆，都是可素烧不可荤烧的菜。经常见有人把蟹粉放入燕窝，把百合放入鸡肉、猪肉中，就好比让圣贤明君与乱臣贼子对坐，简直是太荒谬了。但也有以交互烧法而成好味道的，如炒荤菜用素油、炒素菜用荤油。

独用须知

味太浓重者，只宜独用，不可搭配。如李赞皇、张江陵①一流，须专用之，方尽其才。食物中，鳗也，鳖也，蟹也，鲥鱼也，牛羊也，皆宜独食，不可加搭配，何也？此

---

① 李赞皇、张江陵：李德裕，赵郡赞皇（今河北赞皇）人，唐代政治家，牛李党争中李党领袖，李商隐将其誉为"万古良相"，但仕官期间多次因党争倾轧而被排挤出京；张居正，生于江陵，明朝中后期政治家，辅佐万历皇帝开创了"万历新政"，但去世后险遭开棺鞭尸，家属或饿死或流放，生前所用一批官员有的削职，有的弃市。二人都是古人眼里的良相，但都没有包容政敌和异见者的气度。

数物者，味甚厚，力量甚大，而流弊亦甚多，用五味调和，全力治之，方能取其长而去其弊。何暇舍其本题，别生枝节哉？金陵人好以海参配甲鱼，鱼翅配蟹粉，我见辄攒眉。觉甲鱼、蟹粉之味，海参、鱼翅分之而不足；海参、鱼翅之弊，甲鱼、蟹粉染之而有余。

【译文】

　　味道太浓烈的东西，只适宜单独使用，不能和其他食物搭配。就如李德裕、张居正这类人，只能专用他们，才能充分发挥其才能。食物中，鳗鱼、鳖、蟹、鲥鱼、牛羊肉，都应单独吃，不可以与其他食物搭配，为什么？因为这些东西的味道太重，十分夺味，缺点也不少，必须用各种调料，全力烹饪，才能取其长而去其短。哪里还顾得上舍弃它本来的特性而节外生枝呢？南京人喜欢用海参配甲鱼，鱼翅配蟹粉，我见了就皱眉头。我总觉得甲鱼、蟹粉的味道浓烈，被海参和鱼翅分掉了就会显得不足；而海参和鱼翅的缺点，又会被甲鱼和蟹粉放大。

火候须知

　　熟物之法，最重火候。有须武火者，煎炒是也，火弱则物疲矣。有须文火者，煨煮是也，火猛则物枯矣。有先用武火而后用文火者，收汤之物是也，性急则皮焦而里不熟矣。有愈煮愈嫩者，腰子、鸡蛋之类是也。有略煮即不嫩者，鲜鱼、蚶蛤之类是也。肉起迟则红色变黑，鱼起迟则活肉变死。屡开锅盖，则多沫而少香。火熄再烧，则走油而味失。道人以丹成九转为仙，儒家以无过、不及为中。司厨者，能知火候而谨伺之，则几于道矣。鱼临食时，色白如玉，凝而不散者，活肉也；色白如粉，不相胶粘者，死肉也。明明鲜鱼，而使之不鲜，可恨已极。

【译文】

　　烹调的技巧最重要的就是火候。有的做法一定要用旺火，如煎炒等，火小了菜就又绵又老。有的做法一定要用文火，如煨煮等，火大了食物就烧得枯干了。有的先用旺火而后用文火，吸收汤汁的菜就是这样，急了的话，就会外焦而内里不熟。有些菜是越煮越嫩的，如腰子、鸡蛋之类。有些菜稍煮就会变老，如鲜鱼、蚶蛤之类。炒肉起锅迟了，颜色就会由红色变黑，烧鱼起锅晚了，鱼肉就会由活肉变成死肉。揭锅盖的次数太多，就会沫多而香味少。熄过火再次烧，就会油汁外泄、滋味变淡。道士以九次提炼的丹药为"仙丹"，儒家把无过错、不过分奉为中庸。厨师了解了火候而小心侍候，那就差不多掌握要领了。鱼上桌时，色白如玉，凝而不散，这叫活鱼肉；色白如粉，鱼肉散开，则做成死鱼肉了。明明是鲜鱼，却把它做成不鲜的东西，真是可恨极了。

色臭须知

　　目与鼻，口之邻也，亦口之媒介也。嘉肴到目、到鼻，色臭便有不同。或净若秋云，或艳如琥珀，其芬芳之气亦扑鼻而来，不必齿决之，舌尝之，而后知其妙也。然求色不可用糖炒，求香不可用香料。一涉粉饰，便伤至味。

【译文】

眼睛和鼻子，是嘴巴的近邻，也是为嘴巴传递信息的媒介。菜品的颜色、香味进到眼、鼻，就能让人产生完全不同的评判。假若菜肴或像秋云一样明净，或像琥珀一样艳丽，它的芬芳气味也会扑鼻而来，不用牙咬、舌尝，就知道这道菜的美味。但是，要想使菜颜色鲜艳，不可用糖色；要想使菜香味扑鼻，则不能用香料。一旦烹调经过刻意的雕琢粉饰，就会伤及菜肴本来的味道。

迟速须知

凡人请客，相约于三日之前，自有工夫平章百味。若斗然客至，急需便餐；作客在外，行船落店，此何能取东海之水，救南池之焚乎？必须预备一种急就章之菜，如炒鸡片、炒肉丝、炒虾米、豆腐及糟鱼、茶腿之类，反能因速而见巧者，不可不知。

【译文】

一般人请客，会在三天前就预先约好，自然有时间准备各样菜品。如果遇到有客人突然来到，急需准备便饭；或遇到在外旅行、乘船住店的时候，哪能用东海的水，去救南边的火啊？这就必须预备一种应急的菜，像炒鸡片、炒肉丝、炒虾米、豆腐以及糟鱼、火腿之类，能够在短时间内就做好还能显示出其特点的菜。这样的东西，也不可不知。

变换须知

一物有一物之味，不可混而同之。犹如圣人设教，因才乐育，不拘一律。所谓君子成人之美也。今见俗厨，动以鸡、鸭、猪、鹅，一汤同滚，遂令千手雷同，味同嚼蜡。吾恐鸡、猪、鹅、鸭有灵，必到枉死城中告状矣。善治菜者，须多设锅、灶、盂、钵之类，使一物各献一性，一碗各成一味。嗜者舌本应接不暇，自觉心花顿开。

【译文】

每一样东西都有自己独特的味道，不能混杂在一起。如同孔子教授学生，讲究因材施教、不拘一格。这也可以说是君子成人之美的做法。如今总是看见一些庸俗的厨师，动不动就把鸡、鸭、猪、鹅一锅同炖，如此一来做出的菜味道相同，味同嚼蜡。我想，如果鸡、猪、鹅、鸭有灵的话，一定会到枉死城中去告状。善于烧菜的人，应多备锅、灶、盂、钵等器具，使每种食物呈现各自的特性，每碗各成一味菜肴。这样喜好食物的人能够接连不断地吃到美味，心情也会变得更加愉快。

器具须知

古语云：美食不如美器。斯语是也。然宣、成、嘉、万窑器太贵，颇愁损伤，不如竟用御窑，已觉雅丽。惟是宜碗者碗，宜盘者盘，宜大者大，宜小者小，参错其间，方觉生色。若板板于十碗八盘之说，便嫌笨俗。大抵物贵者器宜大，物贱者器宜小。煎炒宜盘，汤羹宜碗；煎炒宜铁锅，煨煮宜砂罐。

【译文】

古人说：讲究食物，不如讲究餐具。这话说得很对。然而，宣德、成化、嘉靖、万历年间生产的瓷器都太珍贵，让人担心破损，倒不如全用当今的官窑，这些瓷器已经很漂亮了。唯独需注意的是，要在该用碗的情况下用碗，该用盘的情况下用盘，该用大餐具时用大餐具，该用小餐具时用小餐具，交错陈列席上，才会让美食增色。如果很死板地按照"十碗八盘"的说法来操办，便会觉得又笨又俗。大致的做法是贵的食物适合用大容器，便宜的食物应当用小容器。煎炒的用盘，汤羹用碗；煎炒应用铁锅，煨煮应用砂罐。

上菜须知

上菜之法：盐者宜先，淡者宜后；浓者宜先，薄者宜后；无汤者宜先，有汤者宜后。且天下原有五味，不可以咸之一味概之。度客食饱，则脾困矣，须用辛辣以振动之；虑客酒多，则胃疲矣，须用酸甘以提醒之。

【译文】

上菜的方法，讲究味道咸的先上，淡的后上；浓稠的先上，清爽的后上；无汤的先上，有汤的后上。天下原本有五种味道，不可用"咸"一种味道概括。估计客人吃饱的时候，脾已经累了，要用辛辣的菜来调动食欲；考虑到客人酒喝多了，胃也疲惫了，那就用酸、甜的菜来提神醒酒。

时节须知

夏日长而热，宰杀太早，则肉败矣。冬日短而寒，烹饪稍迟，则物生矣。冬宜食牛羊，移之于夏，非其时也。夏宜食干腊，移之于冬，非其时也。辅佐之物，夏宜用芥末，冬宜用胡椒。当三伏天而得冬腌菜，贱物也，而竟成至宝矣。当秋凉时而得行根笋，亦贱物也，而视若珍馐矣。有先时而见好者，三月食鲥鱼是也。有后时而见好者，四月食芋奶是也。其他亦可类推。有过时而不可吃者，萝卜过时则心空，山笋过时则味苦，刀鲚过时则骨硬。所谓四时之序，成功者退，精华已竭，褰裳去之也。

夏季白天长并且炎热，畜禽宰杀得太早，肉就会腐败变质。冬季白天短而气温低，烹饪稍拖延，菜品就会因受冻而不易熟。牛羊肉适宜在冬天吃，如果换到夏天吃，就不是时候。干腊东西适宜在夏天吃，移到冬天吃，也不是时候。调料和辅料，夏季应当用芥末，冬季应当用胡椒。冬腌菜本是不值钱的东西，但在三伏天能吃到，会把它当成宝贝。竹笋本来也是不值钱的东西，但在秋凉时节则会被看作珍贵的好菜。有的东西早于季节食用也会成好东西，像三月吃鲥鱼。也有晚于季节而好吃的，像四月吃芋奶。其他也可以类推。有些东西过了季节就最好别再食用，如萝卜过时就空心，山笋过时味就苦了，刀鱼过时骨头就变硬。这就是所说的挑选食材应随一年四季的变化，好的时候过去了，精华已尽，就失去了光彩。

多寡须知

用贵物宜多，用贱物宜少。煎炒之物，多则火力不透，肉亦不松。故用肉不得过半斤，用鸡、鱼不得过六两。或问：食之不足如何？曰：俟食毕后另炒可也。以多为贵者，白煮肉，非二十斤以外，则淡而无味。粥亦然，非斗米则汁浆不厚，且须扣水，水多物少，则味亦薄矣。

烹饪时，价格高的材料应多放一些，便宜的材料该少放一些。煎炒的原料放多了，火力不能穿透食材，肉质就不酥松。因此，一盘炒菜用猪肉不能超过半斤，用鸡肉、鱼肉不能超过六两。有人问：不够吃怎么办？回答是：等吃完后再另炒就是了。有的食材数量多才好吃的，比如白煮肉，不到二十斤以上，就淡而无味。粥也是这样，没有斗米下锅，汤浆就不浓，而且要控制好水，水多食材少，味道就会变得很淡薄。

洁净须知

切葱之刀，不可以切笋；捣椒之臼，不可以捣粉。闻菜有抹布气者，由其布之不洁也；闻菜有砧板气者，由其板之不净也。"工欲善其事，必先利其器。"良厨先多磨刀，多换布，多刮板，多洗手，然后治菜。至于口吸之烟灰，头上之汗汁，灶上之蝇蚁，锅上之烟煤，一玷入菜中，虽绝好烹庖，如西子蒙不洁，人皆掩鼻而过之矣。

【译文】

切过葱的刀，不能再去切笋；捣椒类的臼，不能再用来捣茭粉。如果闻到菜有抹布气味，肯定是抹布不干净；闻到菜有砧板气味，那就是砧板不干净。"工欲善其事，必先利其器。"好厨师一般在做菜之前，都会多磨菜刀、勤换抹布、多刮砧板、勤洗手，然后再做菜。至于口鼻吸入的烟灰、头上的汗水、灶上的蝇蚁、锅上的烟煤，一旦玷污了菜，即使是最好的菜肴，也像西施脸上沾有污秽，人人见了都要掩鼻而过了。

用纤①须知

俗名豆粉为纤者，即拉船用纤也，须顾名思义。因治肉者，要作团而不能合，要作羹而不能腻，故用粉以牵合之。煎炒之时，虑肉贴锅，必至焦老，故用粉以护持之。此纤义也。能解此义用纤，纤必恰当，否则乱用可笑，但觉一片糊涂。《汉制考》：齐呼曲麸为媒，媒即纤矣。

【译文】

通常说的豆粉叫作纤，顾名思义就是拉船用的纤绳，根据意思可以知道它的作用。烹肉时，想让肉成团却粘不拢，做汤的时候想让汤显得黏稠滑腻，就要用豆粉牵合。煎炒的时候，如果肉粘锅，一定会变得焦老，因此就用粉来保护它，这也是纤的用处之所在。能理解这些道理而用纤，一定会用得恰当。否则，烹饪时乱用豆粉就会很可笑，只有弄得一塌糊涂。古书《汉制考》上把曲麸叫作媒，媒就是起到纤的作用。

选用须知

选用之法：小炒肉用后臀，做肉圆用前夹心，煨肉用硬短勒。炒鱼片用青鱼、季鱼②，做鱼松用草鱼、鲤鱼。蒸

---

① 纤：即芡，芡粉。
② 季鱼：鳜鱼，一说为花骨鱼，鲤鱼的一种。

鸡用雌鸡，煨鸡用骟鸡，取鸡汁用老鸡；鸡用雌才嫩，鸭用雄才肥；蓴菜①用头，芹、韭用根。皆一定之理。余可类推。

【译文】

选用材料的办法：小炒肉用后臀尖上的肉，做肉丸时则用前夹心的肉，煨炖时用硬短排骨。炒鱼片一般用青鱼、鳜鱼，做鱼松用草鱼、鲤鱼。蒸鸡用母鸡，炖鸡用阉过的公鸡，炖鸡汤要用老鸡；母鸡做菜才嫩，公鸭才肥；莼菜用头，芹、韭用茎。这些都是定理。其他选材的方法可以此类推。

疑似须知

味要浓厚，不可油腻；味要清鲜，不可淡薄。此疑似之间，"差之毫厘，失以千里"。浓厚者，取精多而糟粕去之谓也。若徒贪肥腻，不如专食猪油矣。清鲜者，真味出而俗尘无之谓也。若徒贪淡薄，则不如饮水矣。

【译文】

味道要做得浓厚，但不能油腻；味道要做得清鲜，但不可淡薄。这些是很相似的状态，但往往"差之毫厘，失以千里"。浓

---

① 蓴菜：莼菜的别称。

厚的汤，就是多取精华而去掉糟粕。如果只是贪它肥腻，那不如专吃猪油好了。清鲜，也就是说烧出了食物的原味而区别于大众化的滋味。如果一味贪恋清淡，那不如喝白水好了。

补救须知

名手调羹，咸淡合宜，老嫩如式，原无需补救。不得已，为中人说法：则调味者，宁淡毋咸，淡可加盐以救之，咸则不能使之再淡矣。烹鱼者，宁嫩毋老，嫩可加火候以补之，老则不能强之再嫩矣。此中消息[1]，于一切下作料时，静观火色，便可参详。

【译文】

名厨师做的汤，咸淡适中，老嫩适合，做出来就无须进行补救。这里说的补救办法是对普通人说的，调味时应当宁可选择清淡也不要做得太咸，淡可加盐来补救，咸就不能使它再淡了。烹鱼时宁可嫩不可老，嫩可加火候来补救，老了就不能强行让它再变嫩了。这当中微妙的变化，在每一次做菜加料时，仔细观察火候就可以弄明白。

---

[1] 消息：指微妙的变化。

本分须知

满洲菜多烧煮，汉人菜多羹汤，童而习之，故擅长也。汉请满人，满请汉人，各用所长之菜，转觉入口新鲜，不失邯郸故步①。今人忘其本分，而要格外讨好。汉请满人用满菜，满请汉人用汉菜，反致依样葫芦，有名无实，画虎不成反类犬矣。秀才下场，专作自己文字，务极其工，自有遇合。若逢一宗师而摹仿之，逢一主考而摹仿之，则掇皮无真②，终身不中矣。

【译文】

满洲菜大多是烧烤和白煮，汉人做的菜大多是羹和汤，人们从小就是这么学的，因此擅长。汉人请满人吃饭，满人请汉人吃饭，都用各自擅长的菜肴，倒让人觉得入口新鲜，不会被人笑话为邯郸学步。现在有些人忘了本分，刻意去讨好客人。汉人请满人用满菜，满人请汉人用汉菜，这样做反让人觉得是依样画葫芦，有名无实，画虎不成反类犬了。读书人参加科举，按自己的风格，竭尽全力把文章写好，自然会碰上欣赏的人。若刻意模仿某一位宗师，或者某一位考官，那只能学到皮毛，终身都不会考中。

---

① 邯郸故步：《庄子·秋水》记载，有一个燕国人到赵国的首都邯郸去，看到那里人走路的姿势很美，就跟着学起来。结果不但学得不像，而且把自己原来的走法也忘了，只好爬着回去。比喻生搬硬套，机械地模仿别人，不但学不到别人的长处，反而会把自己原有的本事也丢掉。
② 掇皮无真：意思是只有表面功夫，未得真谛。

戒　单

【导读】

　　如果说《须知单》是最能表达《随园食单》创作主旨的一章，那么《戒单》就是最能表达袁枚本人人生主旨的一章。简言之，它讲述了袁枚心目中，哪些事情是不能做的。

　　读完这一章《戒单》，一个立体的袁枚就会跃然纸上：他认为为百姓谋求一桩好处，不如解除一桩危害；他认为盲目追求名声与排场，是凡夫俗子的见识；他认为凡是要顺其自然，不能逆天为之；他认为浪费可耻，该节省的时候绝不铺张；他强调人道主义，不能虐待哪怕是家畜之类的动物；他还觉得职业厨师都是下等人，即便他本人也是庖厨爱好者。

　　袁枚是一个非常典型的中国传统士大夫，他心系百姓，却自命清高；他反对铺张，却面子至上；他品德高尚，却作风保守。仔细盘点，其实同时代的其他名士，如刘墉、纪昀、吴敬梓、曹雪芹、姚鼐、郑板桥等人，也都或多或少地表现出类似的气质。

为政者兴一利，不如除一弊，能除饮食之弊，则思过半矣①。作《戒单》。

【译文】

当官的人，为人民谋求一项利益，不如除去一项危害。如果能除去饮食上的弊端，那么对饮食之道就已经领悟大半了，因此作《戒单》。

戒外加油

俗厨制菜，动熬猪油一锅，临上菜时，勺取而分浇之，以为肥腻。甚至燕窝至清之物，亦复受此玷污。而俗人不知，长吞大嚼，以为得油水入腹。故知前生是饿鬼投来。

【译文】

庸俗的厨师做菜，动不动就熬一锅猪油，到上菜时，用勺舀了分别浇在各种菜里，以这种方式为菜品增加油润。甚至像燕窝这样极清淡的东西，也不断受这种方法的玷污。一般人不懂，狼吞虎咽，将油水全咽到肚里就满足了，好像前生是饿鬼投胎来的一样。

---

① 思过半矣：指已领悟大半。

戒同锅熟

同锅熟之弊，已载前《变换须知》一条中。

【译文】

食物同锅混煮的弊端，已在前文《变换须知》一条中列出。

戒耳餐

何谓耳餐？耳餐者，务名之谓也。贪贵物之名，夸敬客之意，是以耳餐，非口餐也。不知豆腐得味，远胜燕窝。海菜不佳，不如蔬笋。余尝谓鸡、猪、鱼、鸭，豪杰之士也，各有本味，自成一家。海参、燕窝，庸陋之人也，全无性情，寄人篱下。尝见某太守宴客，大碗如缸臼，煮燕窝四两，丝毫无味，人争夸之。余笑曰："我辈来吃燕窝，非来贩燕窝也。"可贩不可吃，虽多奚为？若徒夸体面，不如碗中竟放明珠百粒，则价值万金矣，其如吃不得何？

【译文】

什么叫耳餐？所谓耳餐，就是盲目追求菜品的名声。追求昂贵菜肴的名声，对客人用浮夸的作风表示敬意，这就是耳餐，并非真正可口的佳肴。要知道豆腐烧得好，味道远远胜过燕窝。海鲜烧得不好，还不如蔬菜和竹笋。我曾将鸡、猪、鱼、鸭称为菜中豪杰，它们各有自己本味，各自形成体系。而海参、燕窝则像平庸无为之人，全没有自己的特点，而靠其他食材来调味。我曾看到某位知府请客，用像缸臼一样大的碗，盛四两白煮燕窝，一点味儿都没有，人们还争相夸赞。我开玩笑说："我们是来吃燕窝的，不是来贩卖燕窝的。"数量多得可以贩卖但不好吃，即使多又有什么用呢？如果只为虚夸体面，不如只在碗中放入百粒明珠，那就价值万金了，管它能不能吃呢？

戒目食

何谓目食？目食者，贪多之谓也。今人慕"食前方丈"①之名，多盘叠碗，是以目食，非口食也。不知名手写字，多则必有败笔；名人作诗，烦则必有累句。极名厨之心力，一日之中，所作好菜不过四五味耳，尚难拿准，况拉杂横陈乎？就使帮助多人，亦各有意见，全无纪律，愈多愈坏。余尝过一商家，上菜三撤席，点心十六道，共算食品将至四十余种。主人自觉欣欣得意，而我散席还家，仍煮粥充饥。可想见其席之丰而不洁②矣。南朝孔琳之曰："今人好用多品，适口之外，皆为悦目之资。"余以为肴馔横陈，熏蒸腥秽，目亦无可悦也。

---

① 食前方丈：语出《孟子·尽心下》："食前方丈，侍妾数百人，我得志弗为也。"吃饭时面前一丈见方的地方摆满了食物，形容菜品众多。
② 不洁：此指品质低劣。

【译文】

什么叫目食？所谓目食，就是贪多。当今有人仰慕"食前方丈"的虚名，盘碗重重叠叠，这是给眼睛吃的，不是给嘴巴吃的。他们不知道名家写字，写得多了一定有败笔；名人作诗，作多了也会有平庸的句子。有名的厨师即使竭尽心力，一天之内能做出四五味上好菜品都很不容易了，何况要应付错综复杂的一整桌菜肴呢？即便帮厨的人多，也是各有见解，但全无统一规则，人越多越糟。我曾在一位商人家做客，上菜过程中竟三次撤席，点心有十六道，食品共计四十多种。主人自我感觉颇为良好，而等我撤席回家，还得煮粥充饥。可以想象，那席菜虽然丰盛但是劣质。南朝孔琳之说过："现在的人喜欢用很多食材，除了少数好吃之外，多数是用来饱眼福的。"我认为菜肴如果胡乱地摆放，被腥气秽污熏蒸，那么看起来也不会让人愉悦。

戒穿凿

物有本性，不可穿凿为之。自成小巧，即如燕窝佳矣，何必捶以为团？海参可矣，何必熬之为酱？西瓜被切，略迟不鲜，竟有制以为糕者。苹果太熟，上口不脆，竟有蒸之以为脯者。他如《尊生八笺》①之秋藤饼，李笠翁②之玉

---

① 《尊生八笺》：应为《遵生八笺》误，明代高濂所撰养生专著，其中"饮馔服食笺"记载了大量用于养生的膳食。
② 李笠翁：清代文学家李渔，号笠翁。所著《闲情偶寄》的饮馔部记载了明末清初的文人饮食风尚。

兰糕，都是矫揉造作，以杞柳为杯棬，全失大方。譬如庸德庸行，做到家便是圣人，何必索隐行怪乎？

【译文】

　　每种食物都有自己的本性，不可以牵强附会来制作。天生小巧的食材，比如燕窝，本身就是佳品，何必再捶碎做成团呢？海参本身也不错，何必把它熬成酱？西瓜被切开后，放得时间略长就不新鲜，竟然还有把西瓜做成糕的。苹果太熟了，吃起来就不脆，竟然还有人把它蒸了做成果脯。其他像《遵生八笺》中的秋藤饼、李渔说的玉兰糕，都太矫揉造作，就像用柳枝编成漆器杯，完全失去其本来的自然大方。能把日常小事一件一件做好，便可算作圣人了，何必故弄玄虚，隐居修行，故作古怪呢？

戒停顿

　　物味取鲜，全在起锅时极锋而试①。略为停顿，便如霉过衣裳，虽锦绣绮罗，亦晦闷而旧气可憎矣。尝见性急主人，每摆菜必一齐搬出。于是厨人将一席之菜，都放蒸笼中，候主人催取，通行齐上。此中尚得有佳味哉？在善烹饪者，一盘一碗，费尽心思；在吃者，卤莽暴戾，囫囵吞

---

① 极锋而试：应是"及锋而试"，意为乘可行之际而行。

下，真所谓得哀家梨①，仍复蒸食者矣。余到粤东，食杨兰坡明府鳝羹而美，访其故，曰："不过现杀现烹，现熟视吃，不停顿而已。"他物皆可类推。

【译文】

　　食物的味道要新鲜，全在起锅时抓准时机。稍有停顿耽误，便像霉变了的衣服，即使是锦绣绫罗，也会变得晦闷，而有一股讨厌的老旧味道。我曾遇到性急的主人，每次摆菜一定将所有菜一齐摆出。于是厨师将一桌的菜全部放在蒸笼中，等候主人催取，一起上菜。这样的菜中难道还会有好味道的吗？对善于烹饪的人来说，一盘一碗都要费尽心思；而到了吃的人那里，粗暴鲁莽，囫囵吞枣，就像是得到新鲜美味的梨子，却非得要蒸熟吃。我到潮汕地区，吃到杨兰坡家美味的鳝鱼羹，向他打听这菜味美的原因，他回答："不过是现杀现烹，现熟现吃，不停顿罢了。"我想其他食物都可以此类推。

戒暴殄

　　暴者不恤人功，殄者不惜物力。鸡、鱼、鹅、鸭，自首至尾，俱有味存，不必少取多弃也。尝见烹甲鱼者，专取其裙而不知味在肉中；蒸鲥鱼者，专取其肚而不知鲜在

---

① 哀家梨：也作"哀梨"。相传汉代秣陵人哀仲所种之梨果大而味美，当时人称为"哀家梨"。

背上。至贱莫如腌蛋，其佳处虽在黄不在白，然全去其白而专取其黄，则食者亦觉索然矣。且予为此言，并非俗人惜福之谓，假使暴殄而有益于饮食，犹之可也。暴殄而反累于饮食，又何苦为之？至于烈炭以炙活鹅之掌，剚刀以取生鸡之肝，皆君子所不为也。何也？物为人用，使之死，可也，使之求死不得，不可也。

【译文】

　　"暴"是指不爱惜人的劳动，"殄"是指不爱惜原材料。鸡、鱼、鹅、鸭从头到尾其实都有其独特的味道，不应该取用得少而丢弃得多。我曾见有人烧甲鱼，专选用甲鱼的"裙边"却不知道滋味在肉里；蒸鲥鱼时，专用鱼腹却不知鲜味都在鱼背上。最廉价的比如腌蛋，它最好的地方是在蛋黄而不在蛋白，但如果完全去掉蛋白而专吃蛋黄，那么吃的人也会觉得索然无味。我这番言论，并非是一般人只为了省材料而不顾美味的说法，假使浪费而有益于菜品还是可取的。但如果浪费材料，又反而影响到菜品，这又何苦呢？至于用烧旺的炭火去烤活鹅的掌，用刀来取活鸡的肝，都是君子所不忍心做的。为什么？虽然家畜养出来就是给人食用的，宰杀它也是可以的，但让它求死不得却是不应该的。

戒纵酒

　　事之是非，惟醒人能知之；味之美恶，亦惟醒人能知之。伊尹①曰："味之精微，口不能言也。"口且不能言，岂有呼呶酗酒之人，能知味者乎？往往见拇战之徒，啖佳菜如啖木屑，心不存焉。所谓惟酒是务，焉知其余？而治味之道扫地矣。万不得已，先于正席尝菜之味，后于撤席逞酒之能，庶乎其两可也。

【译文】

事物的是非，只有清醒的人才能知道；味道的好坏，也只有清醒的人才能品味。伊尹说："味道的精细微妙是不能用语言表达的。"嘴尚且说不出来，难道那些喧闹酗酒的人，能品尝出菜的味道来吗？常常见到一些划拳行酒令的人，吃好菜就好像吃木屑一样，心不在菜上。对他们来说，只有酒是最要紧的，哪里还知道其他呢？这样一来，品尝美味也就无从谈起了。万不得已需要喝酒时，应该先在正席品尝菜的味道，撤席后再喝酒逞能，这样或许可以两全其美。

戒火锅

冬日宴客，惯用火锅，对客喧腾，已属可厌；且各菜之味，有一定火候，宜文宜武，宜撤宜添，瞬息难差。今

---

① 伊尹：传说中的商朝开国功臣，辅佐商汤灭夏朝。他由厨入相，用"以鼎调羹""调和五味"的理论来治理天下，也就是后来老子所说的"治大国若烹小鲜"。

一例以火逼之，其味尚可问哉？近人用烧酒代炭，以为得计，而不知物经多滚，总能变味。或问："菜冷奈何？"曰："以起锅滚热之菜，不使客登时食尽，而尚能留之以至于冷，则其味之恶劣可知矣。"

【译文】

冬天请客，大都习惯用火锅，对着客人招呼喧叫，已经很是令人讨厌；况且各种菜的味道都要有一定的火候，有的适宜文火，有的适宜旺火，应该撤火的撤火，应该添火的添火，一点都不能相差。现在全用火锅来乱煮，菜的味道还用问吗？近代有人用烧酒代替炭，以为找到了好办法，却不知食物经过多次热汤滚烫就要变味。有人问："菜冷了怎么办？"我回答："假如起锅滚热的菜，客人没有立刻吃完，留着等到冷了，那么这个菜的味道之差也就可想而知了。"

戒强让

治具①宴客，礼也。然一看既上，理直凭客举箸，精肥整碎，各有所好，听从客便，方是道理，何必强让之？常见主人以箸夹取，堆置客前，污盘没碗，令人生厌。须知客非无手无目之人，又非儿童、新妇，怕羞忍饿，何必以村姬小家子之见解待之？其慢客也至矣！近日倡家，尤多

---

① 治具：原指治国的措施。后也用于形容备办酒食。

此种恶习，以箸取菜，硬入人口，有类强奸，殊为可恶。长安有甚好请客，而菜不佳者。一客问曰："我与君算相好乎?"主人曰："相好!"客跽^①而请曰："果然相好，我有所求，必允许而后起。"主人惊问："何求?"曰："此后君家宴客，求免见招。"合坐为之大笑。

【译文】

烹饪一桌子好菜来宴请客人是一种礼仪。然而，一道菜已经上桌，让客人凭借自己的喜好选取想吃的部分，才是待客之道，怎能强劝人家? 常常见到有些主人用筷子夹菜，堆放在客人面前，装满、弄脏了餐具，令人生厌。要知道，客人既不是无手无眼的人，也不是儿童、新媳妇，会因不好意思而忍受饥饿，何必用村妇小家子的见识来对待客人? 其实这才是怠慢客人到了极点! 最近在青楼里这种恶习特别严重，把菜硬塞入客人口中，有点像强奸，特别可恶。长安有个人特别好请客，菜品却并不好。一客人问："我与您算是好友吧?"主人说："当然是好友!"客人便坐端正请求说："如果真是好朋友，我有一个请求，您必须答应后我才起来。"主人惊问："什么请求?"客人回答："以后您家请客，请不要叫我。"全座的人听了都大笑不已。

---

① 跽：臀部贴脚后跟，端正地跪坐。清代椅子普及，跪坐已经淘汰，这里用来形容一本正经地坐好。

戒走油

凡鱼、肉、鸡、鸭，虽极肥之物，总要使其油在肉中，不落汤中，其味方存而不散。若肉中之油，半落汤中，则汤中之味，反在肉外矣。推原其病有三：一误于火太猛，滚急水干，重番加水；一误于火势忽停，既断复续；一病在于太要相度，屡起锅盖，则油必走。

【译文】

鱼、肉、鸡、鸭都是很肥美的东西，但必须使它们的油包含在肉中，不让其外溢到汤里，才能保持它们的味道不散失。如果肉中的油一半融解汤中，那么汤的味道反而超过肉了。导致这种结果的原因有三点：一是火力太猛，煮得太快水干了，重新加水；二是火势突然停顿，断火后再次用火烧；三是太想看肉是否煮好了，多次揭开锅盖，那么烧的肉一定走油。

戒落套

唐诗最佳，而五言八韵之试帖①名家不选，何也？以其落套故也。诗尚如此，食亦宜然。今官场之菜，名号有"十六碟""八簋""四点心"之称，有"满汉席"之称，

---

① 试帖：试帖诗是中国古代的一种诗体，常用于科举考试，也叫"赋得体"，以题前常冠以"赋得"二字得名。起源于唐代，多为五言六韵或八韵排律。

有"八小吃"之称，有"十大菜"之称，种种俗名，皆恶厨陋习。只可用之于新亲上门，上司入境，以此敷衍；配上椅披、桌裙、插屏、香案，三揖百拜方称。若家居欢宴，文酒开筵，安可用此恶套哉？必须盘碗参差，整散杂进，方有名贵之气象。余家寿筵婚席，动至五六桌者，传唤外厨，亦不免落套。然训练之卒，范我驰驱者，其味亦终竟不同。

【译文】

唐诗最好，但五言八韵的试帖诗今天已经不被名家所选，为什么？因为它太落俗套的缘故。诗尚且如此，食物也一样。现今官场的菜，名号有"十六碟""八簋""四点心"的说法，有"满汉全席"的说法，有"八小吃"的说法，有"十大菜"的说法，这些庸俗的名称，都出于恶劣厨师的陋习。只能把这些食物用在新亲上门、上司到来时敷衍对付；配上椅披桌裙，立上屏风，摆上香案，配上不断作揖下拜才相称。如果是举办家庭欢宴，文雅地饮酒开筵，怎么能用这种恶习俗套？必须盘碗交错地摆，整、散混杂着上，才有名贵的气象。我家的寿筵婚席，动不动五六桌，从外面请的厨师，也难免落入这种俗套。但是被我训练过、听我指挥安排的人，他们做的菜，味道一定会与众不同。

戒混浊

混浊者，并非浓厚之谓。同一汤也，望去非黑非白，

如缸中搅浑之水；同一卤也，食之不清不腻，如染缸倒出
之浆。此种色味令人难耐。救之之法，总在洗净本身，善
加作料，伺察水火，体验酸咸，不使食者舌上有隔皮隔膜
之嫌。庾子山①论文云："索索无真气，昏昏有俗心。"是
即混浊之谓也。

【译文】

　　这里所说的混浊，与浓厚的概念不是一回事。比如一锅汤，
看上去不黑不白，像缸中搅浑的水；比如一碗卤，吃时觉得不清
不腻，像染缸倒出的浆水。这种菜的颜色、味道令人实在难以忍
受。解决的办法，就是把食物洗干净，好好地加些作料，一边观
察火候和汤水，一边品尝味道，不让吃的人舌头上有隔层皮膜的
感觉。庾信在他的文章中说："索索无真气，昏昏有俗心。"说
的就是这种混浊不堪的感觉。

戒苟且

　　凡事不宜苟且，而于饮食尤甚。厨者，皆小人下材，
一日不加赏罚，则一日必生怠玩。火齐未到而姑且下咽，
则明日之菜必更加生。真味已失而含忍不言，则下次之羹
必加草率。且又不止，空赏空罚而已也。其佳者，必指示

---

① 庾子山：庾信，字子山，南北朝时期著名文学家，擅长写骈文。

其所以能佳之由；其劣者，必寻求其所以致劣之故。咸淡必适其中，不可丝毫加减，久暂必得其当，不可任意登盘。厨者偷安，吃者随便，皆饮食之大弊。审问、慎思、明辨，为学之方也；随时指点，教学相长，作师之道也。于味何独不然？

【译文】

　　凡事不应马虎凑合，在烹饪上更是如此。厨师，都是下等的人才，如果一天不给予赏罚，那么这一天定会生出懈怠贪玩的念头。如果火候不到的菜将就下咽，那么他明天的菜烧得必定更加生硬。这次的菜味道不好而忍着不说，那么下次做的必定更加草率。而且不能漫无目的地奖赏惩罚，做得好的，一定要指出他们做得好的缘由；做得差的，一定要找出烹饪不当的原因。咸淡要适宜，不能有丝毫增加或减少，烹饪时长一定要得当，不可随意上菜。厨师偷懒，吃的人随便，都是饮食上严重的弊病。审查询问、慎思明辨，是让学习进步的方法；随时加以指点，做到教和学相互长进是做老师的责任。烹调又何尝不是这样呢？

海鲜单

【导读】

明朝人王士性说过，若论"杀生"，闽浙一带最厉害，因为吃海味太多。六畜无论大小，每只最起码可供一人吃一顿，但海里的各种虾蟹贝类，体形很小，一餐动辄吃下几十上百，过几年回头看看，都不知到底吃了多少。

实际上，除了沿海地带，千百年来大部分中国人对海产不热衷也不熟悉。古人对水产的排序是"一湖二河三溪四海五塘"，古人认为太湖蟹、黄河鲤、长江刀之类的才算是水产至味。海产仅略胜于塘产，恐怕在全世界拥有海岸线的国家里，这是最低的评价了。

故宫博物院至今保存着康熙年间的《海错图》，作为皇家生物图谱，它代表了当时人们对于海产相当程度的认知。但以今天科学的标准来看，这份图谱最多只能算是漫画；与之同时代李渔的《闲情偶寄·饮馔部》则是在鱼、虾、鳖、蟹后附带了一条"零星水族"。相比之下，袁枚在《随园食单》中把海鲜单列，已经算是前无古人的创举。

这固然与18世纪食物保鲜技术的突飞猛进、乾隆朝交通运输基建的完善，使得海产品走上更多中国人的餐桌有关，但更大程度上，则反映了袁枚个人曾经在江苏为官多年，且游历闽浙等沿海各地的博文广识。站在传统文人立场，他也认为海鲜不属于古代经典美食的范畴，但具体到海鲜名目种类，袁枚倒是一点都不吝惜对海鲜的溢美。

古八珍①并无海鲜之说。今世俗尚之，不得不吾从众。作《海鲜单》。

【译文】

古代八珍里并没有海鲜，但当下的人们崇尚海鲜，所以我也不得不从众，记叙《海鲜单》。

燕　窝

燕窝贵物，原不轻用。如用之，每碗必须二两，先用天泉滚水泡之，将银针挑去黑丝。用嫩鸡汤、好火腿汤、新蘑菇三样汤滚之，看燕窝变成玉色为度。此物至清，不可以油腻杂之；此物至文，不可以武物串之。今人用肉丝、鸡丝杂之，是吃鸡丝、肉丝，非吃燕窝也。且徒务其名，往往以三钱生燕窝盖碗面，如白发数茎，使客一撩不见，空剩粗物满碗。真乞儿卖富，反露贫相。不得已则蘑菇丝、笋尖丝、鲫鱼肚、野鸡嫩片尚可用也。余到粤东，杨明府②

---

① 古八珍：历代对"八珍"的解读颇有不同，这里的"古八珍"可能指《礼记》里的：淳熬（肉酱油浇饭）、淳母（肉酱油浇黄米饭）、炮豚（煨烤炸炖乳猪）、炮牂（煨烤炸炖羔羊）、捣珍（烧牛、羊、鹿里脊）、渍珍（酒糖腌牛羊肉）、熬珍（加了香料的肉干）和肝膋（网油烤狗肝）八种食品。

② 杨明府：袁枚的好友杨兰坡，作者写给他的信笺《与杨兰坡明府书》至今流传，而且在本书中，袁枚对杨家的鳝羹、肉圆等食物推崇备至，可见两人私交匪浅。明府是汉代人对太守的尊称，后来逐渐成为对地方官员的敬称。

冬瓜燕窝甚佳，以柔配柔，以清入清，重用鸡汁、蘑菇汁
而已。燕窝皆作玉色，不纯白也。或打作团，或敲成面，
俱属穿凿。

【译文】

　　燕窝是珍贵的东西，原本不轻易使用。如要用，一碗不得
少于二两，先用烧开的天然泉水浸泡，用银针挑去杂质。再用
嫩鸡汤、上好的火腿汤、新鲜蘑菇汤这三种汤烧沸后焯煮，等
到燕窝变成玉色就行了。燕窝极其清淡，不可以和油腻的东西
混在一起；燕窝极其雅致，也不可以和粗俗的东西配在一起。
如今有人将肉丝、鸡丝和燕窝一起烹饪，这是吃鸡丝、肉丝，
不是吃燕窝。还有人追求燕窝的名声，往往只用像几根白发那
样一点点生燕窝盖住碗面，客人筷子一挑就不见了。真像是乞
丐想卖弄自己富有，反倒露出穷相来。实在不得已要选配料的
话，蘑菇丝、笋尖丝、鲫鱼肚、嫩野鸡片还可使用。我曾在粤
东杨兰坡家里，吃过用冬瓜搭配的燕窝，以柔配柔，以清入
清，只加了鸡汤和蘑菇汤调味。上好的燕窝通体玉色，不是纯
白的。有的人把燕窝打成团，有的人把燕窝敲成粉，都属于牵
强的做法。

海参三法

　　海参，无味之物，沙多气腥，最难讨好。然天性浓重，

断不可以清汤煨也。须检小刺参①，先泡去沙泥，用肉汤滚泡三次，然后以鸡、肉两汁红煨极烂。辅佐则用香蕈、木耳，以其色黑相似也。

大抵明日请客，则先一日要煨，海参才烂。尝见钱观察家，夏日用芥末②、鸡汁拌冷海参丝，甚佳。或切小碎丁，用笋丁、香蕈丁入鸡汤煨作羹。蒋侍郎家用豆腐皮、鸡腿、蘑菇煨海参，亦佳。

【译文】

海参是没有味道的东西，而且沙子多、有腥味，最难做出美味来。而且海参的质感浓重，所以千万不能用清汤来煮它。必须选小刺参，先泡去泥沙杂质，再用肉汤焯三次，最后加鸡汤、肉汤红烧到极其软烂。辅料可以用香菇、木耳来配，因为它们都是相似的黑色。

一般情况下，如果第二天请客，就得提早一天烹煮，海参才会软烂。我曾见到钱观察家的做法：夏天用芥末、鸡汤凉拌海参丝，非常美味。或者把海参切成小碎丁，加入笋丁、香菇丁放入鸡汤煮成羹。蒋侍郎家用豆腐皮、鸡腿、蘑菇烹煮海参，味道也很好。

---

① 小刺参：指中国北方大连、山东沿海的刺参干。海参保存条件极其苛刻，古代大多人只能吃到北方沿海出产的刺参干。刺参干尺寸较小说明脱水彻底，所以味道也更浓郁，并不一定指刺参个头小。

② 芥末：指起源于中国的黄芥末，由芥菜的种子研磨而成，辛辣微苦，但不如辣根或山葵根具刺激性，非常适合做凉拌菜的辅料。现今西方人也用它作为汉堡酱料。

鱼翅二法

鱼翅难烂，须煮两日，才能摧刚为柔。用有二法：一用好火腿、好鸡汤，加鲜笋、冰糖钱许煨烂，此一法也；一纯用鸡汤串①细萝卜丝，拆碎鳞翅，搀和其中，飘浮碗面，令食者不能辨其为萝卜丝、为鱼翅，此又一法也。用火腿者，汤宜少；用萝卜丝者，汤宜多。总以融洽柔腻为佳。若海参触鼻，鱼翅跳盘②，便成笑话。吴道士家做鱼翅，不用下鳞，单用上半原根，亦有风味。萝卜丝须出水二次，其臭才去。尝在郭耕礼家吃鱼翅炒菜，妙绝！惜未传其方法。

【译文】

鱼翅很难煮烂，要煮两天，才能把这坚硬的东西变为柔软的菜肴。其做法有两种：一是搭配上好的火腿、鸡汤，加鲜笋、一钱左右冰糖煮烂。二是用纯鸡汤氽细萝卜丝，拆碎鱼翅掺在里面，二者一起漂浮在汤面，让食客不能辨别是萝卜丝还是鱼翅。如果用火腿搭配，汤要少一点；用萝卜丝搭配，汤要多一点。总之要软烂细腻，与汤汁充分融合才好。假如做好的海参味道刺

---

① 串：应为"氽"误，指用开水短时间烫制的烹饪技法。袁枚是浙江人，吴语方言不分卷舌音与不卷舌音，所以才会"串""氽"混淆。
② 跳盘：指活鱼现杀现烹，上桌时鱼身熟透，鱼头鱼尾还会在盘中跳动。杭州名菜"西湖醋鱼"的最高境界即是"跳盘鱼"。这里指鱼翅烹饪得过于生硬，不够入味。

鼻，鱼翅生硬，那就闹笑话了。吴道士家做鱼翅，不用下面的一半，单用上半段，别有风味。萝卜丝要过两次水，才能去掉异味。我曾在郭耕礼家吃鱼翅炒菜，妙绝！可惜他没有传授制作方法。

鳆 鱼①

鳆鱼炒薄片甚佳，杨中丞家削片入鸡汤豆腐中，号称"鳆鱼豆腐"。上加陈糟油②浇之。庄太守用大块鳆鱼煨整鸭，亦别有风趣。但其性坚，终不能齿决。火煨三日，才拆得碎。

【译文】

鲍鱼的最佳吃法是切薄片爆炒，杨中丞家把鲍鱼削成片放入鸡汤豆腐中，号称"鲍鱼豆腐"。上面还浇上陈年糟油。庄太守把大块鲍鱼和整只鸭子同炖，也别有风味。但鲍鱼肉质坚硬，牙齿很难咬碎。至少炖三天，才能炖烂。

---

① 鳆鱼：鲍鱼的别称，这里特指九孔鲍或盘大鲍的肉，将其与上不了台面的小鲍鱼区别对待。
② 陈糟油：糟油不是油，而是在甜酒糟中加入丁香、月桂、玉果、茴香、玉竹、香菇、白芷、陈皮、甘草、花椒、麦曲等二十多种辅料的酒精类复合调味品，放置时间越久，香料越融入酒糟中，做菜效果越好。以江苏太仓出产最为著名。

淡　菜①

淡菜煨肉加汤，颇鲜，取肉去心②，酒炒亦可。

【译文】

　　用淡菜炖肉加些汤，十分鲜美，或把去掉中心部位的淡菜肉加酒爆炒，也不错。

海　蜒③

　　海蜒，宁波小鱼也，味同虾米，以之蒸蛋甚佳。作小菜亦可。

【译文】

　　海蜒是宁波的一种小鱼，味道和虾米差不多，用它来蒸蛋羹很好。当小菜也行。

---

① 淡菜：江浙人对贻贝的别称，这里专指贻贝肉煮熟晾晒，制成的贻贝肉干。
② 去心：淡菜芯即贻贝足丝发育部分，味道浓郁但口感较硬，适合炖煮但不适合炒制。
③ 海蜒：应为"海蜒"误，是鳀鱼的幼鱼。一般晒干用作辅料和小菜。

乌鱼蛋①

乌鱼蛋最鲜，最难服事。须河水滚透，撇沙去臊，再加鸡汤、蘑菇煨烂。龚云若司马②家制之最精。

【译文】

墨鱼蛋的味道最为鲜美，也最难制作。必须用河水烧煮透，才能去掉其中的沙砾，并去除腥臊味，再加鸡汤、蘑菇炖烂。龚云若家的这道菜做得最为精妙。

江瑶柱③

江瑶柱出宁波，治法与蚶、蛏同。其鲜脆在柱，故剖壳时，多弃少取。

【译文】

带子产于浙江宁波，做法与蚶、蛏一样。它鲜脆的地方只在

---

① 乌鱼蛋：雌墨鱼的缠卵腺，一般要将鲜墨鱼的缠卵腺割下来，用明矾和食盐混合腌渍，使之脱水并使蛋白质凝固才是成品。

② 龚云若司马：龚云若，袁枚的门生，龚云若有族侄龚世治，他的妻子骆绮兰也是袁枚的女弟子。

③ 江瑶柱：即带子，常见的有两类：一是所谓长带子，属江瑶科贝类；另一种是圆带子，属扇贝科贝类。其干制品即为江瑶柱，北方称干贝。但原文中应该是指新鲜长带子而非干贝。

肉柱部分，因此剖洗去壳的时候，多余的部分尽可以丢弃，只要把精华的地方留下即可。

蛎 黄①

蛎黄生石子上。壳与石子胶粘不分。剥肉作羹，与蚶蛤相似。一名鬼眼，乐清、奉化两县土产，别地所无。

【译文】

蛎黄生长在石子上。它的壳与石子粘贴很紧。剥出肉用来做成羹，同蚶、蛤的做法相似。又叫鬼眼，是浙江乐清、奉化两县的土特产，别的地方没有。

---

① 蛎黄：蛎黄是牡蛎类的统称，但根据文中"剥壳做羹"的做法，应该不是指个体较大的牡蛎——生蚝，而是海边礁石上丛生的小牡蛎。

江鲜单

　　所谓江鲜，其实就是长江鱼鲜。传统长江四鲜是刀鱼、鲥鱼、鲟鱼与河豚，但袁枚在这一章里的配置却很有意思：刀、鲥、鲟当然是榜上有名，乱入的黄鱼，作为长江入海口的主要水产，列入其中。也勉强说得过去。但河豚没有上榜，就耐人寻味了。袁枚在此处遮遮掩掩地提了班鱼，也就是幼年河豚的名号。它与正经河豚的区别，除了个头之外，就是有毒无毒——可见袁枚对鱼毒，也就是拼死吃河豚这件事，还是相当介意的。

　　食河豚中毒的事每年都有，人中毒后死亡率高达 60%，所以留下拼死吃河豚之说，明知有毒却忍不住要吃，然后边吃边怕死，边怕死边吃，这是何苦来哉。

　　对于河豚毒，医馆没有特效药，但当地有秘方可缓解鱼毒，那就是先灌大粪汁催吐，然后熬芦根水解毒，不说折腾，光是这惨不忍睹的手段，当然不能入袁枚这样有底蕴的世家阶层的眼。

　　后来有人以长江鲴鱼取代河豚，列为四鲜之一，鲴鱼肉质鲜美，古诗有云："粉红石首仍无骨，雪白河豚不药人。"

可在袁枚的眼里，终归因作为替代品而落了下乘，甚至提都不愿意提。倒是河豚无毒的幼崽斑鱼，虽然滋味略逊，腥气更重，但在袁枚的眼里，在用"姜汁一大碗"之后，倒是良好的替代品。

宋人刘宰说："苧以姜桂椒，未熟香浮鼻。河鲀愧有毒，江鲈惭寡味。"其实长江四鲜皆不完美，哪怕居首的刀鱼，也憾其多刺。以今人的眼光来看，这些淡水鱼类的滋味，或许远远不及海鲜。但在推崇江鲜的古人看来，或许其中的遗憾之美更值得追寻。

郭璞《江赋》① 鱼族甚繁。今择其常有者治之。作《江鲜单》。

【译文】

郭璞在《江赋》里提到了很多种江河里的鱼类，这里我选择今天常见的加以整理，写下《江鲜单》。

刀鱼二法

刀鱼用蜜酒酿、清酱② 放盘中，如鲥鱼法蒸之最佳。不必加水。如嫌刺多，则将极快刀刮取鱼片，用钳抽去其刺。用火腿汤、鸡汤、笋汤煨之，鲜妙绝伦。金陵人畏其多刺，竟油炙极枯，然后煎之。谚曰："驼背夹直，其人不活。"此之谓也。或用快刀，将鱼背斜切之，使碎骨尽断，再下锅煎黄，加作料，临食时竟不知有骨。芜湖陶大太法也。

---

① 《江赋》：郭璞的代表作，叙述了长江的发源地及其流程，以及江流所经之郡县城邑、山岭平原、两岸的鸟兽鱼虾、稻麦果实、神仙灵怪、历史传说。其中鱼族部分，其实多半是作者的附会。但仁者见仁，在袁枚眼里，就是一盘盘流动的大菜了。

② 清酱：中国的酱油酿制工艺大约到北宋时才成熟，即不断地捞出豆渣和"浑酱"，加水加盐熬煮。在此之前，酱油一直被称为"清酱"，是制作豆瓣酱的副产品，即酱体沉淀后纯清的液体。袁枚这里说的清酱，可能是指没有加过盐的比较淡的豆瓣酱澄清液，用它来腌渍，为突出刀鱼清淡的本色。

【译文】

把刀鱼用蜜酒酿、酱油腌一下，放在盘里用蒸鲥鱼的方法蒸味道最好。蒸的过程中不需要加水。如果嫌鱼刺多，可以拿非常锋利的刀刮出鱼肉片，用钳子抽去鱼刺。再加火腿汤、鸡汤、笋汤炖，鲜美无比。南京人怕刀鱼多刺，竟然将刀鱼油炸到枯焦后再煎。俗话说："要把驼背夹直，这人一定活不了。"说的就是这个道理。还有个方法，用锋利的刀将鱼背斜着切断，使鱼骨全部碎断，再下到油锅里煎黄，加调料，吃的时候竟然感觉不到有刺，这是芜湖人陶大太的做法。

鲥 鱼

鲥鱼用蜜酒蒸食，如治刀鱼之法便佳。或竟用油煎，加清酱、酒酿亦佳。万不可切成碎块，加鸡汤煮；或去其背，专取肚皮，则真味全失矣。

【译文】

鲥鱼用甜酒蒸着吃最妙，如同刀鱼的做法。还有直接用油煎，加酱油、酒酿也不错。千万不能把鱼切成碎块加鸡汤炖；还有人剔掉鱼背骨，只取腹部的肉，那么鲥鱼独特的味道就全没了。

鲟　鱼

尹文端公①，自夸治鲟鳇最佳。然煨之太熟，颇嫌重浊。惟在苏州唐氏②，吃炒鲟鱼片甚佳。其法切片油炮，加酒、秋油滚三十次，下水再滚起锅，加作料，重用瓜③、姜、葱花。又一法，将鱼白水煮十滚，去大骨，肉切小方块。取明骨④切小方块；鸡汤去沫，先煨明骨八分熟，下酒、秋油，再下鱼肉，煨二分烂起锅，加葱、椒、韭，重用姜汁一大杯。

【译文】

尹继善先生曾对我自夸他最拿手的一道烧鲟鱼。但我觉得他炖得太熟，过于浓郁。倒是在苏州唐氏家里，我吃到的炒鲟鱼片

① 尹文端公：即尹继善，章佳氏，字元长，号望山，谥文端，满洲镶黄旗人，清朝大臣，东阁大学士兼兵部尚书尹泰之子。雍正元年进士，历官云南、川陕、两江总督，文华殿大学士兼翰林院掌院学士。1739年，袁枚参加科考，中进士，得到尹继善赏识；袁枚在沭阳、江宁、上元等地任知县期间，尹继善又是其直接上司、时任总督。对于这位"贵人"，袁枚却说他烧的鱼不好吃，间接表达了他对官场的厌倦。
② 苏州唐氏：应为苏州富商唐静涵，此人为袁枚好友，曾将侍婢方聪娘赠予袁枚，袁枚为此作《寄聪娘》诗六首，有"一枝花对足风流，何事人间万户侯"句。
③ 瓜：酱渍的黄瓜或越瓜。至清朝，"仙泉居""福元居""元香斋""大同""天顺栈"等酱园已经成为全国知名的店堂商号。酱菜产业的成熟，让酱菜成为普及又重要的调味品。
④ 明骨：鱼类头骨、颚骨、鳍基骨及脊椎骨接合处的软骨，据说在清代康乾时期就是产自两广的贡品。

特别好。制作方法是：鲟鱼切片、油爆，加酒和酱油烧开翻腾三十次，加水再烧开后起锅，作料里可以多加一些酱瓜、生姜和葱花。还有一种方法是将鱼用白水煮开翻腾十次，去掉脊椎骨，把鱼肉切成小方块。再取出带肉的软骨，也切成小方块，加入去掉浮沫的鸡汤，将软骨炖到八成熟，加酒、酱油，再加鱼肉，炖到鱼肉软烂后起锅，加葱、椒、韭，再加一大杯姜汁就可以了。

黄　鱼

黄鱼切小块，酱酒郁一个时辰，沥干。入锅爆炒两面黄，加金华豆豉①一茶杯，甜酒一碗，秋油一小杯，同滚。候卤干色红，加糖、加瓜、姜收起，有沉浸浓郁之妙。又一法，将黄鱼拆碎，入鸡汤作羹，微用甜酱水②、纤粉收起之，亦佳。大抵黄鱼亦系浓厚之物，不可以清治之也。

【译文】

把黄鱼切成小块，用酱和酒腌两小时，沥干。再煎至两面金黄，放入一杯金华豆豉，一碗甜酒，一小杯酱油后用大火煮。等卤水煮干，鱼肉着上红色，再加糖、酱瓜、生姜，收汁装盘，滋味内敛浓郁，非常好吃。还有一种方法：将黄鱼肉拆碎后加入鸡

---

① 金华豆豉：产自金华地区的一种加了茄子、黄瓜、干姜、橘皮丝、小茴香、青椒的风味豆豉。在唐末宋初时就与四川成都豆豉、江苏镇江豆豉齐名。
② 甜酱水：可能是浓度不高的甜酱油，也可能是稀释过的甜面酱。

汤作羹，再放少量甜酱、芡粉，让汤变稠，味道也不错。大概黄鱼也是味道浓重的食材，不可以用清淡的方法来烹制。

班　鱼[1]

班鱼最嫩，剥皮去秽，分肝、肉二种，以鸡汤煨之，下酒三分、水二分、秋油一分；起锅时，加姜汁一大碗、葱数茎，杀去腥气。

【译文】

班鱼肉最为细嫩，剥皮去掉内脏污秽，留下肝和肉，用鸡汤炖煮，加三份酒、两份水、一份酱油；起锅时再加一大碗姜汁、几根葱，去掉腥味。

假　蟹

煮黄鱼二条，取肉去骨，加生盐蛋四个，调碎，不拌入鱼肉；起油锅炮，下鸡汤滚，将盐蛋搅匀，加香蕈[2]、葱、姜汁、酒。吃时酌用醋。

----

① 班鱼：应为"斑鱼"误，幼年河豚，无毒或微毒。
② 香蕈：即香菇。这里的菌菇是最后加入的，颇似法餐中松露的用法，也可能是产于江苏常熟的松树蕈。

【译文】

　　煮好两条黄鱼，去骨留肉，准备生咸蛋四个，搅碎，先不拌入鱼肉；用油锅将黄鱼煎熟，再放入鸡汤大火沸煮，最后将咸蛋放入锅内搅拌均匀，加上香蕈、葱、姜汁、酒。吃的时候酌量加醋。

特牲单

【导读】

　　《特牲单》是《随园食单》中一个具有转折意义的章节。之前几章里，袁枚都是端着架子，以文人的视角从高处俯瞰烹饪的原则、食材的品类。但到了这章，却一反常态，捋起袖子，开始介绍菜肴的操持之道。这种风格贯穿了后半部《随园食单》，也许可以说，是猪肉决定了《随园食单》在美食江湖中的地位。但也就是几百年前的唐宋时代，猪肉并不是中国餐饮的主流，牛羊肉扮演着更重要的角色。

　　秦统一以来，一直有北方游牧民族南下，与汉民族融合。《齐民要术》与《四时纂要》两部农书对养羊的重视程度远远超过养猪。中古文献中猪、豕、彘、豚的出现频率也远低于羊。羊肉在古人饮食生活中的比重，从汉代起大约就胜猪肉一筹。魏晋南北朝时期羊的总量已明显超过猪。

　　《宋会要辑稿》中的一则记载更能说明问题。北宋熙宁十年（1077），宫廷御厨一年使用猪肉4131斤、羊肉434463.4斤，猪肉仅是羊肉的一个零头。苏轼在《猪肉颂》里说："黄州好猪肉，价贱如泥土。贵者不肯吃，贫者不解煮。"这首诗是否是苏轼创作尚且存疑，看诗的内容，很容易联想到宋代百姓对猪肉的陌生程度。

　　一直到明代，李时珍在写《本草纲目》时仍小心区分各种猪肉的毒性，并且指出："北猪味薄，煮之汁清；南猪味浓，煮之汁浓，毒尤甚。"

　　但到了袁枚时代，猪却成了"广大教主"，这种饮食风尚的转变，一方面因为康乾年间人口激增，猪作为圈养动物出肉率高的优点开始体现；另一方面也和白糖精炼术等技术成熟，作为猪肉重要的烹饪调味料的白糖不再需要进口，烹饪手法得到长足发展有关。

猪用最多,可称"广大教主"。宜古人有特豚馈食之礼。作《特牲单》。

【译文】

做菜时猪肉用得最多,可以称得上是各种食材的首领。古人有用整头猪作为礼物互相赠送的礼节。我也专为猪肉写了《特牲单》。

猪头二法

洗净五斤重者,用甜酒三斤;七八斤者,用甜酒五斤。先将猪头下锅同酒煮,下葱三十根、八角三钱,煮二百余滚;下秋油一大杯、糖一两,候熟后尝咸淡,再将秋油加减;添开水要漫过猪头一寸,上压重物,大火烧一炷香;退出大火,用文火细煨,收干以腻为度;烂后即开锅盖,迟则走油。一法:打木桶一个,中用铜帘隔开,将猪头洗净,加作料闷入桶中,用文火隔汤蒸之,猪头熟烂,而其腻垢悉从桶外流出,亦妙。

【译文】

洗干净的猪头,五斤重的用甜酒三斤;七八斤重的就用甜酒五斤。先将猪头下锅和酒一起煮,加葱三十根、八角三钱,煮开二百多滚;倒入酱油一大杯、糖一两,等肉熟后尝尝咸淡,再适当添加酱油。加水要没过猪头一寸，上面压重物，用大火烧四五十分钟的时间，改用文火慢慢煨，以汁干肉腻时为正好；猪头肉熟烂后马上开锅，迟了油脂就流失了。还有一种方法是先制作一个木桶，上下用铜质的网栅隔开，将猪头洗干净，加上作料一起放进木桶里大闷，用文火隔着水蒸，等猪头熟烂，猪头中的脏东西都从桶外流出，这做法也非常好。

猪蹄四法

蹄髈一只，不用爪，白水煮烂，去汤，好酒一斤，清酱酒杯半，陈皮一钱，红枣四五个，煨烂。起锅时，用葱、椒、酒泼入，去陈皮、红枣，此一法也。又一法：先用虾米煎汤代水，加酒、秋油煨之。又一法：用蹄髈一只，先煮熟，用素油灼皱其皮，再加作料红煨。有土人好先掇食其皮，号称"揭单被"。又一法：用蹄髈一个，两钵合之，加酒、加秋油，隔水蒸之，以二枝香①为度，号"神仙肉"。钱观察家制最精。

【译文】

取蹄髈一只，去掉爪尖部分，用白水煮烂，去掉汤，加上一斤好酒，半杯酱油，一钱陈皮，四五个红枣，一起炖烂。起锅

---

① 二枝香：中国古代比时辰更小单位的计时就不甚准确，一般认为三支香为一个时辰，故两支香差不多等于一个半小时。

时，加入葱、椒、酒，去掉陈皮、红枣，这是一种方法。另一种方法：先用虾米煎汤代替水，加上酒、酱油炖。还有一种方法：用蹄髈一只，先煮熟，用素油将蹄髈的皮炸到收缩起皱，再加上作料红焖。有的乡下人喜欢先剥皮吃，叫作"揭单被"。还有种方法：把一只蹄髈放进两个合紧的钵内，加上酒和酱油，隔水蒸，烧一个半小时，叫作"神仙肉"。钱观察家做的这道菜最精妙。

猪爪、猪筋

专取猪爪，剔去大骨，用鸡肉汤清煨之。筋味与爪相同，可以搭配；有好腿爪[1]，亦可搀入。

【译文】

专门选取猪爪尖部分，剔去大骨头，放入鸡汤一起清炖。猪蹄筋与猪脚味道相同，可以搭配食用。如果有质量好的腿爪也可以搀进去。

猪肚二法

将肚洗净，取极厚处，去上下皮，单用中心，切骰子

---

[1] 腿爪：可能是指火腿爪尖。杭州至今还有"三伏吃个金银蹄"的菜品，即把新鲜猪爪和火腿爪尖一起炖。

块，滚油炮炒，加作料起锅，以极脆为佳。此北人法也。南人白水加酒，煨两枝香，以极烂为度，蘸清盐食之，亦可；或加鸡汤作料，煨烂熏切，亦佳。

【译文】

　　将猪肚洗干净，取最厚的地方，去掉上下皮，单用中间部分，切成骰子一样大小的方块，热油爆炒，加上作料后起锅，最好炒到口感极脆的程度。这是北方人的吃法。南方人是将猪肚用白水加酒，炖一个半小时左右，炖到极烂，只蘸着盐吃，这也可以；或加入鸡汤当调料，炖烂熏干切片，也很好吃。

猪肺二法

　　洗肺最难，以洌尽肺管血水，剔去包衣为第一着。敲之、仆之、挂之、倒之，抽管割膜，工夫最细。用酒水滚一日一夜。肺缩小如一片白芙蓉，浮于汤面，再加作料，上口如泥。汤西涯少宰①宴客，每碗四片，已用四肺矣。近人无此工夫，只得将肺拆碎，入鸡汤煨烂，亦佳。得野鸡汤更妙，以清配清故也。用好火腿煨亦可。

---

① 汤西涯少宰：汤右曾，字西涯，杭州人，袁枚的老乡。康熙二十七年进士，官吏部侍郎。诗画书法俱佳，行楷似苏轼，诗与朱彝尊齐名。少宰是侍郎的别称。

【译文】

　　猪肺很难洗干净，特别是洗掉肺管里的血水，剔去包膜最难，也最重要。敲、打、挂、倒，抽去肺管，割去包膜，功夫最为细致。用酒水煮上一天一夜。肺缩小如一片白色荷花瓣浮在汤面，之后再加上佐料，吃起来细腻如泥。汤右曾先生宴请客人，每碗只有四片，就已经用了四个猪肺。现在没有人下这个功夫了，只得将肺切片，放入鸡汤炖烂，这也很好。能用野鸡汤更好，这是以清配清的道理。用上等火腿炖也可以。

猪　腰

　　腰片，炒枯则木，炒嫩则令人生疑；不如煨烂，蘸椒盐食之为佳。或加作料亦可。只宜手摘，不宜刀切。但须一日工夫，才得如泥耳。此物只宜独用，断不可搀入别菜中，最能夺味而惹腥。煨三刻则老，煨一日则嫩。

【译文】

　　猪腰片如果炒老了就会让人觉得是在嚼木头，炒嫩了会让人感觉半生不熟；最好的吃法是把它炖烂，蘸着椒盐吃。或者加上其他作料也可以。这种做法只可以用手撕，不适宜用刀切。煮的过程需要一整天的时间，才能烧得软烂如泥，这种东西只能单独烹制，万万不可掺入其他菜中，因它最能遮盖别的味道并且增加腥味。炖三刻会老，炖上一天反倒显得嫩。

猪里肉

猪里肉精而且嫩，人多不食。尝在扬州谢蕴山①太守席上，食而甘之。云以里肉切片，用纤粉团成小把，入虾汤中，加香蕈、紫菜清煨，一熟便起。

【译文】

猪里脊肉瘦而细嫩，但大多数人不懂怎么吃。我曾在扬州谢启昆太守的家宴上吃过，觉得很好吃。据说是里脊肉切片，用芡粉上浆团成小饼状，放入虾汤中，加上香菇、紫菜清煮，一熟便要起锅。

白片肉

须自养之猪，宰后入锅，煮到八分熟，泡在汤中，一个时辰取起。将猪身上行动之处，薄片上桌。不冷不热，以温为度。此是北人擅长之菜。南人效之，终不能佳。且零星市脯，亦难用也。寒士请客，宁用燕窝，不用白片肉，以非多不可故也。割法须用小快刀片之，以肥瘦相参，横斜碎杂为佳，与圣人"割不正不食"一语，截然相反。其猪身，肉之名目甚多。满洲"跳神肉"最妙。

---

① 谢蕴山：谢启昆，号蕴山，江西人。是乾隆年间政绩卓著、清正廉明的官员。

【译文】

　　须选用自家养的猪，宰杀后放入锅煮，煮到八成熟起锅，在汤水中浸泡两个小时后捞起。将猪身上平时运动较多的部位切薄片上桌。菜品不冷不热，温度适中才好。这是北方人擅长的菜。南方人学习这种烧法，始终做得不好吃。况且，在市场上零星买来的肉也难以取用。贫寒的读书人请客，宁愿用燕窝，也不用白片肉，因为这种做法所用的肉一定要多。割法是必须用小快刀切成片，以肥瘦相间、相互错杂为佳，与孔子"割下的肉不规整的不吃"这话截然相反。猪身上的肉名称很多，满洲的"跳神肉"最好。

红煨肉三法

　　或用甜酱，或用秋油，或竟不用秋油、甜酱。每肉一斤，用盐三钱，纯酒煨之；亦有用水者，但须熬干水气。三种治法皆红如琥珀，不可加糖炒色。早起锅则黄，当可则红，过迟则红色变紫，而精肉转硬。常起锅盖则油走，而味都在油中矣。大抵割肉虽方，以烂到不见锋棱，上口而精肉俱化为妙。全以火候为主。谚云："紧火粥，慢火肉。"至哉言乎！

【译文】

　　红烧肉有的用甜酱，有的用酱油，有的干脆酱油、甜酱都不

064

用。每一斤肉，用盐三钱，加上不掺水的酒来煨；也有用水的，但必须熬干水汽。这三种烧法做出来的红烧肉都红如琥珀，不可以用糖炒色。红烧肉起锅早了颜色会发黄，火候适当才能有红色，起锅迟了红色会变紫，而且瘦肉会变硬。老是揭锅盖，那就会走油而失味，滋味都融入油汤中了。大致上肉应切成方块，以软烂到不见棱角为止，上口以瘦肉都融化才妙。这些东西全靠火候。谚语说："紧火粥，慢火肉。"真是至理名言。

白煨肉

每肉一斤，用白水煮八分好，起出去汤；用酒半斤、盐二钱半，煨一个时辰。用原汤一半加入滚干，汤腻为度，再加葱、椒、木耳、韭菜之类。火先武后文。又一法：每肉一斤，用糖一钱，酒半斤，水一斤，清酱半茶杯；先放酒，滚肉一二十次，加茴香一钱，加水闷烂，亦佳。

【译文】

通常是每一斤肉，用白水煮到八分熟时起锅，把汤去掉；再用半斤酒、二钱半盐，炖两个小时。再放入一半的原汤煮干，煮到汤水浓腻的程度，再加葱、椒、木耳、韭菜等。火先旺后小。还有一种做法：每一斤肉，用一钱糖，半斤酒，一斤水，半茶杯酱油；先放酒将肉煮开一二十滚，再放茴香一钱，加水焖烂，也很好。

油灼肉

用硬短肋切方块，去筋襻，酒酱郁过，入滚油中炮炙之，使肥者不腻，精者肉松。将起锅时，加葱、蒜，微加醋喷之。

【译文】

把带骨五花肉切成方块，去掉筋膜，用酒和酱腌入味，放入滚油中炸，使肥肉不腻，瘦肉酥松。将要起锅时，加上葱、蒜，可以再稍微喷点醋。

干锅蒸肉

用小磁钵，将肉切方块，加甜酒、秋油，装大钵内封口，放锅内，下用文火干蒸之。以两枝香为度，不用水。秋油与酒之多寡，相肉而行，以盖满肉面为度。

【译文】

将肉切成方块，放在小瓷钵里，加入甜酒、酱油后，装进大钵内，封好钵口，用文火干蒸。差不多两炷香的工夫，不要加水。酱油与酒的多少，根据肉量而定，通常以盖满肉面为标准。

盖碗装肉

放手炉①上。法与前同。

【译文】

放在手炉上烧。做法与前面"干锅蒸肉"一样。

磁坛装肉

放砻糠②中慢煨，法与前同，总须封口。

【译文】

把瓷坛埋在糠里点火，慢慢煨，方法与前面两种做法相同，但一定要把坛口密封。

脱沙肉

去皮切碎，每一斤用鸡子三个，青黄俱用，调和拌肉，再斩碎；入秋油半酒杯，葱末拌匀，用网油一张裹之；外

---

① 手炉：冬天暖手用的小炉，多为铜制。它是旧时中国宫廷和民间普遍使用的一种取暖工具。因可以捧在手上，笼进袖内，炉内装有炭火，故也称"火笼"。用这种炉子做菜，意为以特别小的微火加热。

② 砻糠：稻谷经过砻磨脱下的壳。

再用菜油四两，煎两面，起出去油；用好酒一茶杯，清酱半酒杯，闷透，提起切片；肉之面上，加韭菜、香蕈、笋丁。

【译文】

猪肉去皮切碎，每一斤肉用三个鸡蛋，蛋黄、蛋清一起和肉搅拌，再把肉切碎；放入半杯酱油，与葱末一起拌均匀，用一张网油把馅包好；另外加四两菜油入锅，两面都煎，然后取肉沥油，再用好酒一杯、酱油半杯，放回锅中焖透。最后取出肉切成片；在肉的上面加上韭菜、香菇、笋丁。

晒干肉

切薄片精肉，晒烈日中，以干为度。用陈大头菜，夹片干炒。

【译文】

将瘦肉切成薄片，放在烈日下暴晒，直到晒干为止。吃的时候可用隔年的大头菜夹干肉片炒。

火腿煨肉

火腿切方块，冷水滚三次，去汤沥干；将肉切方块，冷水滚二次，去汤沥干；放清水煨，加酒四两、葱、椒、笋、香蕈。

【译文】

把火腿切成方块，先放冷水烧滚三次，去汤沥干；把肉也切成方块，用冷水烧滚两次，去汤沥干；再用清水煨至软熟，起锅时放四两酒，再放入葱、花椒、笋、香菇。

台鲞煨肉

法与火腿煨肉同。鲞易烂，须先煨肉至八分，再加鲞；凉之则号"鲞冻"。绍兴人菜也。鲞不佳者，不必用。

【译文】

做这道菜的方法与火腿煨肉相同。台鲞容易烂，必须先将猪肉炖到八成熟，然后再放入台鲞；炖好放凉了就叫作"鲞冻"。这是绍兴人的做法。如果鲞不好，就不要使用。

粉蒸肉

用精肥参半之肉，炒米粉黄色，拌面酱蒸之，下用白菜作垫。熟时不但肉美，菜亦美。以不见水，故味独全。江西人菜也。

选半肥半瘦猪肉，用炒至黄色的米粉，拌上甜面酱一起蒸，肉下面垫白菜。蒸熟时不但肉鲜美，菜也味美。由于烹饪过程中不加水，因此这道菜味道得以保全不流失。这是江西人的做法。

熏煨肉

先用秋油、酒将肉煨好，带汁上木屑，略熏之，不可太久，使干湿参半，香嫩异常。吴小谷广文[1]家，制之精极。

【译文】

用酱油、酒将肉炖好，带汁用木屑稍微熏一会儿，熏的时间不能太长，让它半干半湿，这样做出来的熏煨肉香嫩异常。吴小谷广文家做的这道菜非常精致。

芙蓉肉

精肉一斤，切片，清酱拖过，风干一个时辰。用大虾肉四十个，猪油二两，切骰子大，将虾肉放在猪肉上。一

---

[1] 吴小谷广文：吴小谷，号东村居士，生平不详，著有《禅师台记》。广文，国学馆教授的头衔。

只虾，一块肉，敲扁，将滚水煮熟撩起。熬菜油半斤，将肉片放在有眼铜勺内，将滚油灌熟。再用秋油半酒杯，酒一杯，鸡汤一茶杯，熬滚，浇肉片上，加蒸粉、葱、椒、糁上起锅。

【译文】

一斤瘦肉切成片，在酱油中腌一下，风干两个小时。用四十个大虾仁，二两猪板油，切成骰子大的块，再将虾肉放在猪肉上。一只虾下放一块肉，拍扁后，放在开水中煮熟，捞起。然后熬半斤菜油，将肉片放在带眼的铜勺里，放入沸油中炸熟。再用熬沸的酱油半杯，酒一杯，鸡汤一杯，浇在肉片上，撒上熟淀粉、葱、椒、碎米粒后起锅。

荔枝肉

用肉切大骨牌片，放白水煮二三十滚，撩起；熬菜油半斤，将肉放入炮透，撩起，用冷水一激，肉皱，撩起；放入锅内，用酒半斤、清酱一小杯、水半斤，煮烂。

【译文】

把肉切成大骨牌大小的块，放进白水煮开二三十滚，捞出；熬菜油半斤，再将肉放入油锅炸透，捞起，用冷水泡，让肉起皱，再捞起；最后把肉放入锅内，用酒半斤、酱油一小杯、水半斤，煮烂。

八宝肉

用肉一斤，精肥各半，白煮一二十滚，切柳叶片。小淡菜①二两，鹰爪②二两，香蕈一两，花海蜇二两，胡桃肉四个去皮，笋片四两，好火腿二两，麻油一两。将肉入锅，秋油、酒煨至五分熟，再加余物，海蜇下最在后。

【译文】

取肥瘦各一半的猪肉一斤，先用白水煮开一二十滚，捞出后把肉切成柳叶大小的片。准备小淡菜二两、鹰爪二两、香菇一两、海蜇二两、去皮胡桃肉四个、笋片四两、上等火腿二两、麻油一两。将肉放回锅里，加酱油、料酒炖至五成熟，再加上述配料，海蜇要在最后放。

菜花头煨肉

用台心菜嫩蕊，微腌，晒干用之。

---

① 小淡菜：江浙地区把晒干的贻贝叫淡菜。
② 鹰爪：一般指八角，但按照中国饮食命名的惯例，"八宝"应该是指八种食材，而非辅料，所以这里可能是鹰爪虾。

将带花苞的菜薹嫩茎稍微用盐腌一下，晒干后即可用来炖肉。

炒肉丝

切细丝，去筋襻、皮、骨，用清酱、酒郁片时，用菜油熬起，白烟变青烟后，下肉炒匀，不停手，加蒸粉，醋一滴，糖一撮，葱白、韭蒜之类；只炒半斤，大火，不用水。又一法：用油泡后，用酱水加酒略煨，起锅红色，加韭菜尤香。

把肉切成细丝，去掉筋膜、皮、骨，用酱油、酒稍微腌一会儿。把菜油熬到冒青烟的时候，放入肉不停翻炒均匀，随即加入适量熟芡粉、一滴醋、一撮糖，以及葱白、韭菜、蒜这类东西，一锅只炒半斤肉，用旺火，不放水。还有一种方法：将肉丝用油爆炒后，加酱油和酒稍稍炖煮，呈红色时起锅，再加韭菜就会特别香。

炒肉片

将肉精、肥各半，切成薄片，清酱拌之。入锅油炒，闻响即加酱、水、葱、瓜、冬笋、韭菜，起锅火要猛烈。

【译文】

　　将瘦、肥各半的猪肉切成薄片，用酱油拌匀。入油锅翻炒，等听到响声时就加酱、水、葱、酱瓜、冬笋和韭菜，起锅前火要大。

八宝肉圆

　　猪肉精、肥各半，斩成细酱，用松仁、香蕈、笋尖、荸荠、瓜姜之类，斩成细酱，加纤粉和捏成团，放入盘中，加甜酒、秋油蒸之。入口松脆。家致华云："肉圆宜切，不宜斩。"必别有所见。

【译文】

　　将瘦、肥各半的猪肉剁成细酱，再将松仁、香菇、笋尖、荸荠、瓜姜之类辅料也斩成细酱。把肉酱和辅料酱混在一起，加芡粉捏成团，放入盘中，最后加甜酒、酱油上锅蒸。此肉丸入口松脆。家致华说："做肉丸的馅应当切而不应当剁。"这句话可能另有所指。

空心肉圆

　　将肉捶碎郁过，用冻猪油一小团做馅子，放在团内蒸之，则油流去，而团子空心矣。此法镇江人最善。

【译文】

把猪肉捣成肉酱，腌一下，用结冻的一小团猪油做馅，放在锅上蒸，肉团子中的猪油便融化了，所以肉丸是空心的。这个做法镇江人最擅长。

锅烧肉

煮熟不去皮，放麻油灼过，切块加盐，或蘸清酱亦可。

【译文】

把肉煮熟后不去皮，放入烧热的麻油炸一次，然后切成块蘸点盐吃，或蘸酱油吃也可以。

酱　肉

先微腌，用面酱酱之，或单用秋油拌郁，风干。

【译文】

把肉先稍微腌一下，再用面酱涂抹，或是单独用酱油拌了腌，风干。

糟 肉

先微腌，再加米糟。

【译文】

先将肉略微腌一下，再用米糟泡。

暴腌肉

微盐擦揉，三日内即用。以上三味，皆冬月菜也。春
夏不宜。

【译文】

用少量盐搓揉猪肉，三天内就可以食用。酱肉、糟肉、暴腌
肉这三种肉都是冬天吃的菜，春夏之季不适合做。

尹文端公家风肉

杀猪一口，斩成八块，每块炒盐四钱，细细揉擦，使
之无微不到。然后高挂有风无日处。偶有虫蚀，以香油涂
之。夏日取用，先放水中泡一宵，再煮，水亦不可太多太
少，以盖肉面为度。削片时，用快刀横切，不可顺肉丝而
斩也。此物惟尹府至精，常以进贡。今徐州风肉不及，亦

不知何故。

【译文】

现杀一口活猪，剁成八大块，每块用四钱炒过的盐，细细地揉抹在肉上，使每个地方都能擦到。然后高挂在通风背阴的地方。如果偶尔有虫蛀蚀，可以用香油涂一下。夏天拿下食用时，先放入水中浸泡一夜后再煮，煮时水也要适量，盖住肉面正好。切片时，要用快刀横切，不可以顺着肉丝纹路切片。这东西只有尹继善家做得最好，常常用来进贡。现在徐州所产的风肉不及他家的好，也不知什么原因。

家乡肉

杭州家乡肉，好丑不同。有上、中、下三等。大概淡而能鲜，精肉可横咬者为上品。放久即是好火腿。

【译文】

杭州的家乡肉，好坏相差很大，有上、中、下三等。一般都认为吃起来觉得淡而鲜，瘦肉可以横咬的是上品。家乡肉放久了就成了好火腿。

笋煨火肉

冬笋切方块，火肉切方块，同煨。火腿撤去盐水两遍，再入冰糖煨烂。席武山别驾①云：凡火肉煮好后，若留作次日吃者，须留原汤，待次日将火肉投入汤中滚热才好。若干放离汤，则风燥而肉枯；用白水，则又味淡。

【译文】

冬笋切成方块，火腿肉也切成方块，一起煮。等火腿去掉两遍盐水后，再放入冰糖炖烂。席武山别驾说：凡是火腿煮好后，如果留到第二天吃，必须保留原汤，等第二天将火腿放到汤中滚热后吃才好。如果离开汤干放着，就会因风吹变得干燥，而使肉质枯干，另加白水再煮味道又淡了。

烧小猪

小猪一个，六七斤重者，钳毛去秽，叉上炭火炙之。要四面齐到，以深黄色为度。皮上慢慢以奶酥油涂之，屡涂屡炙。食时酥为上，脆次之，硬斯下矣。旗人有单用酒、秋油蒸者，亦惟吾家龙文弟②，颇得其法。

【译文】

将一只六七斤重的小猪，钳去猪毛，洗掉脏东西，叉在炭火

① 席武山别驾：席武山，苏州名士，《随园诗话》里曾记述他邀请袁枚赏菊。
② 龙文弟：袁枚多次提到龙文、香亭两个堂弟的名字，香亭即诗人袁树的字，龙文姓名不详，曾在广东为官，可能是他另两位堂弟袁步瞻、袁履青中的一位。

上烤。要四面全部烤到，烤到深黄色就可以了。皮上用奶酥油慢慢涂抹，边烤边涂。吃时酥的属于上品，脆的属于中品，硬的就是下品了。旗人有只用料酒、酱油来蒸的，我家龙文弟做这个比较像样。

烧猪肉

凡烧猪肉，须耐性。先炙里面肉，使油膏走入皮内，则皮松脆而味不走。若先炙皮，则肉中之油尽落火上，皮既焦硬，味亦不佳。烧小猪亦然。

【译文】

凡是烧猪肉，都要有耐性。先烤里面的肉，使油脂渗入皮肉，就可以使肉皮松脆而滋味不流失。如果先烤外皮，那么肉中的油脂便全部滴到火上了，这样一来皮既焦硬，味道也不好。烤乳猪也是这样。

排　骨

取肋条排骨精肥各半者，抽去当中直骨，以葱代之，炙用醋、酱，频频刷上，不可太枯。

【译文】

选取肥瘦肉各半的肋条排骨，抽去当中的直骨，把大葱放进抽骨后留下的孔洞，烧烤的时候用醋、酱连续不断地在排骨上涂刷，不能烤得太枯焦。

罗蓑肉

以作鸡松法作之。存盖面之皮。将皮下精肉斩成碎团，加作料烹熟。聂厨能之。

【译文】

按做鸡松的办法做。留着表面上的肉皮，将皮下的精肉斩碎，加上佐料烧熟。有个姓聂的厨师能做这道菜。

端州三种肉

一罗蓑肉；一锅烧白肉，不加作料，以芝麻、盐拌之；切片煨好，以清酱拌之。三种俱宜于家常。端州聂、李二厨所作。特令杨二学之。

【译文】

端州三种肉里一种是罗蓑肉；另一种是锅烧白肉，不加任何作料，煮熟后用芝麻、盐拌着吃；还有一种是将肉切成片煨好后，用酱油拌着吃。这三种肉都适宜做家常菜。这是端州聂、李两位厨师所做的，我特地让杨二去学过。

杨公圆

杨明府作肉圆，大如茶杯，细腻绝伦。汤尤鲜洁，入口如酥。大概去筋去节，斩之极细，肥瘦各半，用纤合匀。

【译文】

杨兰坡家做的肉丸，大得像茶杯口，细腻无比。汤尤其鲜洁，肉丸入口会像奶酪一样融化。大概是做的过程中去掉了筋和骨节，肉剁得很细，肥瘦各占一半，用芡粉调和得很均匀。

黄芽菜煨火腿

用好火腿，剥下外皮，去油存肉。先用鸡汤，将皮煨酥，再将肉煨酥，放黄芽菜心，连根切段，约二寸许长；加蜜、酒酿及水，连煨半日。上口甘鲜，肉菜俱化，而菜根及菜心，丝毫不散。汤亦美极。朝天宫道士法也。

【译文】

选用上等的火腿剥去外皮，去掉肥油留下精肉。先用鸡汤将削下的皮炖到酥软，接着再将肉炖到酥软，然后放进黄芽菜心，菜心要连茎切成约二寸长的小段；加蜜糖、酒酿及水后，一起炖上半天。吃到嘴里感觉又甜又鲜，肉和菜叶都融化了，而菜茎和菜心一点都不散。汤也非常鲜美。这是朝天宫道士的方法。

蜜火腿

取好火腿，连皮切大方块，用蜜酒煨极烂，最佳。但火腿好丑、高低判若天渊。虽出金华、兰溪、义乌三处，而有名无实者多。其不佳者，反不如腌肉矣。惟杭州忠清里①王三房家，四钱一斤者佳。余在尹文端公苏州公馆吃过一次，其香隔户便至，甘鲜异常。此后不能再遇此尤物矣。

【译文】

选取上等的火腿，连皮切成大方块，用蜜酒炖到极其酥烂是最好的。火腿的好坏、质量优劣有天壤之别。虽然都是出自金华、兰溪、义乌三个地方，但徒有虚名的很多。不好的火腿，反而不如腌肉。只有杭州忠清里王三房家，四钱银子一斤的最好。我在尹继善先生苏州的公馆里吃过一次，那香味在门外就能闻到，实在鲜美异常。此后再也没有碰到这么好吃的东西了。

---

① 忠清里：民国时改为忠清巷，是现在杭州新华路的前身。

杂 牲 单

【导读】

在很早的时候，中国人就懂得驯养"马牛羊猪狗鸡"六牲获得肉食，但不同的肉食在食物系统中有着不同的地位，这种地位甚至影响到今天的肉类价格。

《礼记·王制》说："诸侯无故不杀牛，大夫无故不杀羊，士无故不杀犬豕，庶人无故不食珍。"从排名上看，牛羊在猪之上，为何在先秦时期的肉食排名中会有这样的区分？

这就与肉食的珍贵程度有关，牛在农耕时代是重要的生产资料，在许多朝代都不许私自宰杀牛，就如《礼记》所说，连诸侯没什么重要的事都不轻易杀牛。即便到了唐宋时期，牛依然不管是否老弱病残，都在禁杀之列，只有自然死亡或者病死的牛才可以剥皮售卖或食用。

羊则是游牧家畜的代表，作为农耕民族，汉人很少会将良田种草养羊。囿于物以稀为贵的状况，汉人一直以羊肉为贵。但到了辽、金时期却正好相反，猪肉成了高大上的食材。宋朝的使节出使辽、金，北人用最好的猪肉款待使者，猪肉在辽、金是"非大宴不设"的。于是在互市的时候双方就互通有无，辽、金出口肥羊，换取宋朝的猪，双方都挺高兴。

这种饮食精粗的排序，直到清代依然保留。1840 年，当红须绿眼的英国人把大炮架到大清朝的眼皮底下时，琦善作为钦差大臣奉旨与洋人交涉。会谈前一天，他按朝廷招待贡使的老规矩给英国舰队送吃的，包括 20 头阉牛、200 只羊及许多鸭和鸡，唯独没有一头猪。

牛、羊、鹿三牲，非南人家常时有之之物；然制法不可不知，作《杂牲单》。

【译文】

牛、羊、鹿三种动物，并不是南方人家中常备的食物。但是不可以不了解它们的烹饪方法，因此作《杂牲单》。

牛 肉

买牛肉法：先下各铺定钱，凑取腿筋夹肉处，不精不肥。然后带回家中，剔去皮膜，用三分酒、二分水清煨极烂；再加秋油收汤。此太牢①独味孤行者也，不可加别物配搭。

【译文】

买牛肉的方法是：先到各肉店谈价付钱，挑选不瘦不肥带着牛筋的腿肉。然后拿回家，剔去皮膜，用三分酒、二分水清炖到软烂；再加适量酱油收汁。牛这种祭祀时用的牲畜，味道特别，不可以与其他东西搭配烹饪。

---

① 太牢：古代帝王祭祀社稷时，行祭前需将牲畜先饲养于牢，故这类牺牲称为牢；又根据牺牲搭配的种类不同而有太牢、少牢之分。牛、羊、猪三牲全备为"太牢"，少牢则只有羊、猪，没有牛。此处代指祭祀。

牛　舌

牛舌最佳。去皮、撕膜、切片，入肉中同煨。亦有冬腌风干者，隔年食之，极似好火腿。

【译文】

牛舌是最好的东西。做法是剥皮去膜、切成片，放入肉中一同炖。也有冬天腌制后风干的，等到来年食用时，味道与优质火腿极其相似。

羊　头

羊头毛要去净，如去不净，用火烧之。洗净切开，煮烂去骨。其口内老皮俱要去净。将眼睛切成二块，去黑皮，眼珠不用，切成碎丁。取老肥母鸡汤煮之，加香蕈、笋丁，甜酒四两，秋油一杯。如吃辣，用小胡椒十二颗、葱花十二段；如吃酸，用好米醋一杯。

【译文】

先把羊头上的毛去干净，如果去不干净，就用火烧。之后洗干净切开煮烂，然后剔去骨头，嘴巴里的老皮也都要撕干净。将羊眼睛先切成两块，剥去黑皮，不要眼珠，再切成碎丁。然后用肥美的老母鸡汤煮，再加入适量的香菇、笋丁，四两甜酒，一杯酱油。如果吃辣的，就加十二颗小胡椒，十二段葱花；如果吃酸的，就加一杯好米醋。

羊 蹄

煨羊蹄，照煨猪蹄法，分红、白二色。大抵用清酱者红，用盐者白。山药配之宜。

【译文】

炖羊蹄可参照炖猪蹄的办法。这种菜分红、白两种颜色。大体上用酱油的是红烧，用盐的就是白煮。用山药来搭配最好不过了。

羊 羹

取熟羊肉斩小块，如骰子大。鸡汤煨，加笋丁、香蕈丁、山药丁同煨。

【译文】

将熟羊肉切成骰子大的小块。用鸡汤炖煮。可加入适量的笋丁、香菇丁、山药丁一起炖。

羊肚羹

　　将羊肚洗净，煮烂切丝，用本汤煨之。加胡椒、醋俱可。北人炒法，南人不能如其脆。钱均沙方伯①家，锅烧羊肉极佳，将求其法。

【译文】

　　将羊肚洗干净，煮烂后切成丝，用煮羊肚的原汤再炖。加进胡椒、醋都可以。这种北方人的烹饪法，南方人学了也不如北方人做得脆。钱均沙方伯家中的锅烧羊肉味道特别好，我准备向他讨教烧法。

红煨羊肉

　　与红煨猪肉同。加刺眼核桃，放入去膻。亦古法也。

【译文】

　　此菜做法与红烧猪肉相同。但还要将打了孔的核桃放入锅中，目的是去膻味。这也是古人传下来的方法。

---

① 钱均沙方伯：钱均沙可能是袁枚的同僚官员，工诗，袁枚曾为他作过《钱均沙先生诗序》。方伯，此处代指布政使。

炒羊肉丝

与炒猪肉丝同。可以用纤，愈细愈佳。葱丝拌之。

【译文】

与炒猪肉丝方法一样。可以加芡粉，肉丝切得越细越好。还要用葱丝拌一下。

烧羊肉

羊肉切大块，重五七斤者，铁叉火上烧之。味果甘脆，宜惹宋仁宗夜半之思[①]也。

【译文】

把羊肉切成五到七斤重的大块，用铁叉叉起来在火上烤熟。味道的确香甜酥脆，甚至能使宋仁宗半夜三更想吃烤羊肉而睡不着觉。

---

① 夜半之思：《宋史》里记载的典故。宋仁宗办公到夜半，想吃烤羊肉。管事的太监见状，连忙过来请示，要不要立马宰杀，立时烧烤。仁宗想了很久后拒绝了，他说："我曾经听说，只要宫中一有需要，御膳房就把它作为成例去做。我一旦今晚要吃羊肉，那么从此以后，每晚他们都会宰杀一只羊等着。这样时间长了，要浪费多少食材啊！我怎能因忍不住一时的饥饿，而开滥杀的先例呢？"

全 羊

全羊法有七十二种，可吃者不过十八九种而已。此屠龙之技，家厨难学。一盘一碗，虽全是羊肉，而味各不同才好。

【译文】

整只羊各个部位的选用和烹调方法多达七十二种，但好吃的也只不过十八九种罢了。这是高超的烹饪技艺，一般家厨难以学到。虽然盘里碗里装的全是羊肉，但是每种味道各有不同才好。

鹿 肉

鹿肉不可轻得。得而制之，其嫩鲜在獐肉之上。烧食可，煨食亦可。

【译文】

鹿肉难以轻易得到。如能得到鹿肉做菜，那会既嫩又鲜，比獐肉好吃。可以烤着吃，也可以炖着吃。

鹿筋二法

鹿筋难烂。须三日前，先捶煮之，绞出臊水数遍。加肉汁汤煨之，再用鸡汁汤煨；加秋油、酒，微纤收汤；不搀他物，便成白色，用盘盛之。如兼用火腿、冬笋、香蕈同煨，便成红色，不收汤，以碗盛之。白色者加花椒细末。

【译文】

　　鹿筋难以烧烂。必须提前三天处理，先捶打再煮，煮后丢弃腥臊的汤水，反复几遍。然后加肉汤炖，再用鸡汤炖，加酱油、料酒，稍加芡粉收汁；不掺入其他配料，自然炖成白色，用盘装。如再同时加火腿、冬笋、香菇之类的东西一起炖，会变成红色，不用收汁，起锅用碗盛。白色的那种做法还可加些研细的花椒末。

獐　肉

　　制獐肉与制牛、鹿同。可以作脯。不如鹿肉之活，而细腻过之。

【译文】

　　烹饪獐肉与烹饪牛肉、鹿肉的方法相同。可以把它做成干肉脯。獐肉没有鹿肉鲜嫩，却比鹿肉细腻。

假牛乳

　　用鸡蛋清拌蜜酒酿，打掇入化，上锅蒸之。以嫩腻为主。火候迟便老，蛋清太多亦老。

【译文】

用鸡蛋清拌蜂蜜和酒酿，均匀搅拌，使它们融为一体再上锅蒸。这菜的要点是嫩滑细腻。蒸过头便会老，蛋清太多也会老。

鹿 尾

尹文端公品味，以鹿尾为第一。然南方人不能常得。从北京来者，又苦不鲜新。余尝得极大者，用菜叶包而蒸之，味果不同。其最佳处，在尾上一道浆耳。

【译文】

尹继善先生尝遍百味，把鹿尾列为第一。可是鹿尾这种食材南方人不能经常得到。从北京带来的，又无奈不新鲜。我曾得到一条很大的鹿尾，用菜叶包裹好了上锅蒸，味道果然与众不同。此物最好吃的地方是鹿尾上的一条呈半流质的脂肪。

羽族单

【导读】

　　四川口水鸡、广东白切鸡、新疆大盘鸡、海南文昌鸡、贵州宫保鸡、江苏叫花鸡，可以说有中国人的地方，如何吃鸡就是一门艺术。

　　虽然春秋之前，中国人并不吃鸡。《周礼·春官》记载：当时报时主要靠鸡，甚至专门有伺候鸡的官职，叫作"鸡人"。因为这种类似"通天"的报时功能，古人认为鸡是星宿下凡，也因此在国家重大祭祀场合，鸡都是一种珍贵的祭品，普通人是吃不到的。

　　战国之后礼崩乐坏，吃鸡的限制逐渐放松，但当时的鸡都是放养，肉少，长得慢，产量低，鸡依然是精贵物什。汉朝时一只鸡 36 钱，而猪、牛、羊、狗肉一斤只需要 6 到 10 钱。直到南北朝时期贾思勰在《齐民要术》中开始提倡圈养，把鸡关起来，减少消耗，加速育肥，增加产量，这才使得吃鸡成为中国人的日常。

　　从唐朝时孟浩然"故人具鸡黍，邀我至田家"，宋朝时陆游"莫笑农家腊酒浑，丰年留客足鸡豚"都可以看出来，以鸡肉待客，已经稀松平常。五代时梁太祖朱温就爱吃鸡，每顿饭都离不开鸡。南楚君主马希声为了超过他，决定每天吃50只鸡。当然这是不可能的事情，于是他就用50只鸡炖汤，用喝汤表示自己超过了朱温。

但真正把吃鸡发挥到极致的，还是袁枚。《随园食单》中列出了31种鸡的吃法，不仅打破了前人的纪录，也打破了袁枚自己的纪录——没有其他任何一种食材，能被记录下如此多的烹饪方法。而包括鸭、鹅在内的其他禽类都只是"附庸"。

鸡功最巨，诸菜赖之。如善人积阴德而人不知。故令领羽族之首，而以他禽附之。作《羽族单》。

【译文】

在烹调中鸡肉的功劳最大，许多菜都离不开它，好像善人积阴德，大家却不知道。因此，我将鸡排在羽族的第一位，而把其他禽类附在它的后面，以此顺序来写《羽族单》。

白 片 鸡

肥鸡白片，自是太羹、元酒①之味。尤宜于下乡，村人旅店，烹饪不及之时，最为省便。煮时水不可多。

【译文】

把肥鸡白煮切片，自然就是太羹、玄酒般的醇正味道。尤其适宜在农村乡下，旅店住宿，来不及烹饪的时候，最为省力方便。煮的时候水不能放得太多。

鸡 松

肥鸡一只，用两腿，去筋骨剁碎，不可伤皮。用鸡蛋

---

① 太羹、元酒：太羹，古代祭祀用的不调和五味的肉汁。亦作"大羹"。元酒，古代祭礼时用以代酒的水。亦作"玄酒"。比喻味道醇正。

清、粉纤、松子肉，同剁成块。如腿不敷用，添脯子肉，切成方块，用香油灼黄，起放钵头内，加百花酒半斤、秋油一大杯、鸡油一铁勺，加冬笋、香蕈、姜、葱等。将所余鸡骨皮盖面，加水一大碗，下蒸笼蒸透，临吃去之。

【译文】

一只肥鸡，只用两条鸡腿。去掉筋骨后把肉剁碎，但不要弄破鸡皮。把鸡蛋清、茨粉、松子仁放在一起与鸡肉搅拌后剁成块。如果鸡腿肉不够用，可以加些切成方块的鸡胸肉，再用香油炸黄，起锅放碗里，加上百花酒半斤、酱油一大杯、鸡油一铁勺，再加冬笋、香菇、姜、葱等。将剔肉剩下的鸡骨、鸡皮盖在上面，加一大碗水，放在蒸笼里蒸透，吃时去掉鸡骨、鸡皮。

生炮鸡

小雏鸡斩小方块，秋油、酒拌，临吃时，拿起放滚油内灼之，起锅又灼，连灼三回，盛起，用醋、酒、纤粉、葱花喷之。

【译文】

将小嫩鸡剁成小方块，用酱油、料酒拌一下，等到要吃的时候，放入滚热的油锅内炸一下，起锅后再炸，如此连炸三次，起锅后，将醋、酒、茨粉、葱花撒在上面。

鸡　粥

肥母鸡一只，用刀将两脯肉去皮细刮，或用刨刀亦可；只可刮刨，不可斩，斩之便不腻矣。再用余鸡熬汤下之。吃时加细米粉、火腿屑、松子肉，共敲碎放汤内。起锅时放葱、姜，浇鸡油，或去渣、或存渣，俱可。宜于老人。大概斩碎者去渣，刮刨者不去渣。

【译文】

一只肥母鸡，用刀将两侧胸脯取下，去掉皮再把肉细刮下来，或者用刨刀也行；但只能刮、刨，不可以用刀剁，剁了口感就不细腻了。再用余下来的鸡熬汤，把鸡胸肉放入。要吃的时候，再放细米粉、火腿屑、松子肉。但这些东西都得拍碎后放进汤内。起锅时放入葱、姜，浇上鸡油。去渣、留渣都无所谓。这种粥适宜老人食用。一般把鸡肉剁碎的话就要去渣，刮刨的就不用去渣。

焦　鸡

肥母鸡洗净，整下锅煮。用猪油四两、茴香四个，煮成八分熟，再拿香油灼黄，还下原汤熬浓，用秋油、酒、整葱收起。临上片碎，并将原卤浇之，或拌蘸亦可。此杨中丞^①家法也，方辅兄^②家亦好。

【译文】

选肥母鸡一只宰杀洗净，整鸡下锅煮。放入四两猪油、四个茴香，煮到八成熟，再用香油炸黄，放回原汤熬浓后，加入酱油、料酒、整葱，把汤收干后起锅。临上桌前切片，并将原汤浇在上面，或者蘸佐料吃也可以。这是杨巡抚家的做法。方辅兄家也做得不错。

捶　鸡

将整鸡捶碎，秋油、酒煮之。南京高南昌太守家，制之最精。

【译文】

将整只鸡宰杀洗净捶碎，加酱油、酒炖煮。南京高南昌太守家做的这道菜最为精致。

---

① 杨中丞：明代以前，巡抚和中丞是两种官职，但巡抚一般都兼任中丞（都察院左、右都御史），所以清代直接将巡抚称为中丞。杨中丞在《随园食单》中多次出现，推测应为与袁枚在官场交集较多的浙江巡抚杨廷璋。
② 方辅兄：即方芳佩，乾隆朝诗人，字芷斋，号怀蓼，浙江钱塘人。

炒鸡片

用鸡脯肉去皮，斩成薄片。用豆粉、麻油、秋油拌之，纤粉调之，鸡蛋清拌。临下锅加酱、瓜、姜、葱花末。须用极旺之火炒。一盘不过四两，火气才透。

【译文】

将鸡胸肉去掉皮，切成薄片。加豆粉、麻油、酱油拌匀。再用芡粉调和，加入鸡蛋清拌匀。临下锅时加酱、酱瓜、姜和葱末。一定要用最旺的火炒。每一盘用肉不能超过四两，火力才能将肉炒透。

蒸小鸡

用小鸡雏，整放盘中，上加秋油、甜酒、香蕈、笋尖，饭锅上蒸之。

【译文】

把整只小雏鸡放在盘里，加上酱油、甜酒、香菇、笋尖，在饭锅上蒸熟就可以了。

酱 鸡

生鸡一只，用清酱浸一昼夜，而风干之。此三冬菜也。

鸡一只，现杀，用酱油浸泡一昼夜后，捞起风干。这是寒冬里的时令菜。

鸡　丁

取鸡脯子，切骰子小块，入滚油炮炒之，用秋油、酒收起；加荸荠丁、笋丁、香蕈丁拌之，汤以黑色为佳。

【译文】

把鸡脯肉切成骰子大的小块，放入滚油里爆炒，然后加酱油、料酒收汁起锅；再加荸荠丁、笋丁、香菇丁拌一下，最后汤呈黑色的味道才好。

鸡　圆

斩鸡脯子肉为圆，如酒杯大，鲜嫩如虾圆。扬州庄八太爷家，制之最精。法用猪油、萝卜、纤粉揉成，不可放馅。

【译文】

把鸡胸肉剁成肉酱，做成鸡肉丸，每只丸子像酒杯那么大。这种鸡丸鲜嫩如虾丸。扬州庄八太爷家做的最精细。方法是用猪油、萝卜、芡粉与剁碎的鸡肉揉捏而成，里面不能放馅。

蘑菇煨鸡

口蘑菇①四两，开水泡去砂，用冷水漂，牙刷擦，再用清水漂四次，用菜油二两炮透，加酒喷。将鸡斩块放锅内，滚去沫，下甜酒、清酱，煨八分功成，下蘑菇，再煨二分功成，加笋、葱、椒起锅，不用水，加水糖②三钱。

【译文】

选四两口蘑，用开水泡发，去掉泥沙，然后用冷水漂洗，用牙刷擦洗，再用清水漂洗四遍后，用二两菜油炸透，加酒喷。将鸡剁成块放入锅内，烧沸撇去沫，放入甜酒、酱油，煮到八成熟时，放入准备好的口蘑，再继续煮至全熟，加入笋、葱、椒后起锅。不用放水，加进三钱冰糖。

梨炒鸡

取雏鸡胸肉切片，先用猪油三两熬熟，炒三四次，加麻油一瓢，纤粉、盐花、姜汁、花椒末各一茶匙，再加雪梨薄片、香蕈小块，炒三四次起锅，盛五寸盘。

---

① 口蘑菇：北方草原上的一种野生蘑菇，一般生长在有羊骨或羊粪的地方，味道异常鲜美。由于北方草原的土特产以前都通过今河北张家口输往内地，张家口是塞北货物的集散地，所以此蘑菇被称为口蘑。
② 水糖：即冰糖。

　　将小鸡的胸肉切成片。先将三两猪油熬热，放入鸡肉片炒三四下。加一瓢麻油，芡粉、盐、姜汁、花椒碎末各一茶匙，再放切成薄片的雪梨和小块香菇，炒三四下就可以起锅，盛在五寸大小的盘里。

假野鸡卷

　　将脯子斩碎，用鸡子一个，调清酱郁之，将网油画碎，分包小包，油里炮透，再加清酱、酒作料，香蕈、木耳起锅，加糖一撮。

【译文】

　　将鸡胸肉剁碎，打入鸡蛋一个，调入酱油腌，再将网油划成小块，将鸡肉包进网油分成小包，放进油里炸透，再加点酱油、酒等作料，放入适量香菇、木耳后起锅，还要加一撮糖。

黄芽菜炒鸡

　　将鸡切块，起油锅生炒透，酒滚二三十次，加秋油后滚二三十次，下水滚。将菜切块，俟鸡有七分熟，将菜下锅，再滚三分，加糖、葱、大料。其菜要另滚熟搀用。每一只用油四两。

把鸡切成块，放入油锅里炒透，加酒煮沸二三十下，加酱油后再煮沸二三十下，加水煮开。将黄芽菜切成块，等鸡有七成熟时，将菜下锅，再烧至鸡全熟，加糖、葱、大料。需要注意的是黄芽菜要另外烧熟才能掺在一起。每只鸡用油四两。

栗子炒鸡

鸡斩块，用菜油二两炮，加酒一饭碗，秋油一小杯，水一饭碗，煨七分熟；先将栗子煮熟，同笋下之，再煨三分起锅，下糖一撮。

【译文】

将鸡剁成块，用二两菜油炸，然后加入一碗酒、一小杯酱油，还得加一碗水，煮到七成熟；将事先煮熟的栗子同笋一起下锅，炖到熟再起锅，加上一撮白糖。

灼八块

嫩鸡一只，斩八块，滚油炮透，去油，加清酱一杯、酒半斤，煨熟便起，不用水，用武火。

【译文】

　　选一只嫩鸡，切成八块，放入滚油炸透后，沥干油，加入一杯酱油、半斤酒，炖熟便起锅。炖时不要加水，用旺火。

珍珠团

　　熟鸡脯子，切黄豆大块，清酱、酒拌匀，用干面滚满，入锅炒。炒用素油。

【译文】

　　将熟的鸡胸肉切成黄豆般大小的丁，用酱油、酒拌匀，再放到干面粉里滚一下，放入锅中炒。炒时要用植物油。

黄芪蒸鸡治瘵①

　　取童鸡未曾生蛋者杀之，不见水，取出肚脏，塞黄芪一两，架箸放锅内蒸之，四面封口，熟时取出。卤浓而鲜，可疗弱症②。

---

① 瘵：体弱的病症，多指痨病，也就是肺结核。古代对结核病的认识不足，把病因归结为体弱。

② 弱症：中医认为小孩有五软、五硬、五迟等病症，统称为软症，或者弱症。原因是营养不足引起的发育薄弱，可能是胎儿时期缺乏营养，或者出生后奶水不足所致。黄芪可以加快新陈代谢，鸡汤又富含丰富的可溶性优质蛋白和脂肪，袁枚说它可以治营养不良，是有效的。

选一只还没生过蛋的童子鸡，现杀，不要沾水，取出内脏，塞进一两黄芪，架上筷子放在锅内蒸，锅盖四周要封严，蒸熟后取出来。蒸出的汤汁浓而鲜，可治疗弱症。

卤　鸡

囫囵鸡一只，肚内塞葱三十条、茴香二钱，用酒一斤、秋油一小杯半，先滚一枝香，加水一斤、脂油二两，一齐同煨；待鸡熟，取出脂油。水要用熟水，收浓卤一饭碗才取起；或拆碎，或薄刀片之，仍以原卤拌食。

【译文】

取整鸡一只宰杀洗净，肚子里塞进三十棵葱、二钱茴香，加一斤料酒、一小杯半的酱油，放入锅内先煮四五十分钟，加放一斤水、二两猪油，一起煮；等鸡熟了，撇掉油。水要用开水，等汤汁收到只剩浓稠的一碗时，才可以取出鸡起锅；吃时或是将鸡拆碎，或用薄刀切成片，仍用原汤拌着吃。

蒋　鸡

童子鸡一只，用盐四钱、酱油一匙、老酒半茶杯、姜三大片，放砂锅内，隔水蒸烂，去骨，不用水。蒋御史①家法也。

【译文】

选一只童子鸡，把四钱盐、一匙酱油、半茶杯老酒、三大片姜，与鸡一起放到砂锅里面，隔着水蒸烂，蒸到骨肉分离，但不加水。这是蒋御史家的做法。

唐 鸡

鸡一只，或二斤，或三斤，如用二斤者，用酒一饭碗、水三饭碗；用三斤者，酌添。先将鸡切块，用菜油二两，候滚熟，爆鸡要透。先用酒滚一二十滚，再下水约二三百滚；用秋油一酒杯，起锅时加白糖一钱。唐静涵家法也。

【译文】

选一只鸡，二斤的三斤的都可以，如果用二斤重的，就用一碗料酒、三碗水；用三斤重的，要适当增添料酒和水。先将鸡切成块，用二两菜油，等油沸腾时，将鸡炸透。然后用酒煮开一二十滚后，加水再煮开约二三百滚，此时加入一酒杯酱油，起锅时还要加白糖一钱。这是唐静涵家的做法。

---

① 蒋御史：蒋和宁，阳湖人，清代诗文家，乾隆十七年进士，官至湖广道监察御史。

鸡　肝

用酒、醋喷炒，以嫩为贵。

【译文】

鸡肝爆炒的过程中加酒、醋，做出的鸡肝鲜嫩才好吃。

鸡　血

取鸡血为条，加鸡汤、酱、醋、纤粉作羹，宜于老人。

【译文】

取凝固的鸡血切成条，加入鸡汤、酱、醋、芡粉做成羹汤，适合老人食用。

鸡　丝

拆鸡为丝，秋油、芥末、醋拌之。此杭州菜也。加笋、加芹俱可。用笋丝、秋油、酒炒之亦可。拌者，用熟鸡，炒者，用生鸡。

【译文】

把鸡肉撕成丝，用酱油、芥末、醋拌着吃。这是杭州菜。加笋或芹菜作配菜都可以。用笋丝、酱油、酒炒鸡丝也可以。拌着吃就用熟鸡，炒着吃就用生鸡。

糟 鸡

糟鸡法，与糟肉同。

【译文】

糟鸡的做法与糟肉相同。

鸡 肾

取鸡肾三十个，煮微熟，去皮，用鸡汤加作料煨之。鲜嫩绝伦。

【译文】

拿鸡肾三十个，稍微煮一下，去掉外皮，用鸡汤加适量佐料炖。鲜嫩无比。

鸡 蛋

鸡蛋去壳放碗中，将竹箸打一千回蒸之，绝嫩。凡蛋一煮而老，一千煮而反嫩。加茶叶煮者，以两炷香为度。

蛋一百，用盐一两；五十，用盐五钱。加酱煨亦可。其他则或煎或炒俱可。斩碎黄雀蒸之，亦佳。

【译文】

将鸡蛋去壳放入碗中，用竹筷打一千次后上笼蒸，极嫩。蛋一煮就老，煮久了反而嫩。煮茶叶蛋，以一个半小时为标准。煮一百个鸡蛋需用盐一两，五十个鸡蛋用盐五钱。加酱炖也可以。至于其他的吃法，比如煎、炒都可以。与剁碎的黄雀肉一起蒸，也很好。

野鸡五法

野鸡披胸肉，清酱郁过，以网油包，放铁奁①上烧之。作方片可，作卷子亦可。此一法也。切片加作料炒，一法也。取胸肉作丁，一法也。尝家鸡整煨，一法也。先用油灼，拆丝，加酒、秋油、醋，同芹菜冷拌，一法也。生片其肉，入火锅中，登时便吃，亦一法也。其弊在肉嫩则味不入，味入则肉又老。

【译文】

野鸡胸肉切片，用酱油腌制后，用猪网油包好放在铁奁上

---

① 铁奁：奁是古代女子存放梳妆用品的镜箱。此处烹饪用的铁奁可能是一种烤箱。

烤。包野鸡肉时可以做成方形的片，也可以做成卷，这是一种办法。把野鸡胸肉切片加作料炒，也是一种方法。将野鸡胸肉切成丁炒，也是一种方法。用做家鸡的办法整只炖，又是一种。先用油炸，随后切成丝加料酒、酱油、醋，同芹菜一起凉拌，也是一种吃法。将野鸡肉切片，放入火锅，煮熟就吃，也是一种吃法。这种吃法的不足之处在于追求肉嫩就不入味，入味的肉又显得老了。

赤炖肉鸡

赤炖肉鸡，洗切净，每一斤用好酒十二两、盐二钱五分、冰糖四钱，研酌加桂皮，同入砂锅中，文炭火煨之。倘酒将干，鸡肉尚未烂，每斤酌加清开水一茶杯。

【译文】

红烧肉鸡的方法是：先把鸡洗切干净，每一斤鸡肉用十二两好酒、二钱五分盐、四钱冰糖，加入适量磨成粉的桂皮，一起放入砂锅中，用文火炖。如果酒快烧干，鸡肉还没有烂，按每斤鸡肉加一茶杯清水的比例酌情加白开水。

蘑菇煨鸡

鸡肉一斤，甜酒一斤，盐三钱，冰糖四钱，蘑菇用新鲜不霉者，文火煨两枝线香为度。不可用水，先煨鸡八分熟，再下蘑菇。

【译文】

　　每一斤鸡肉，加一斤甜酒、三钱盐、四钱冰糖，选新鲜不霉的蘑菇，用文火炖约一个半小时。中途不能加水，先把鸡肉炖到八成熟，再放入蘑菇。

鸽　子

　　鸽子加好火腿同煨，甚佳。不用火肉，亦可。

【译文】

　　鸽子肉与上等火腿一起炖，味道很美。不用火腿也可以。

鸽　蛋

　　煨鸽蛋法，与煨鸡肾同。或煎食亦可，加微醋亦可。

【译文】

　　炖鸽蛋的方法和炖鸡肾的方法一样。也可煎食，稍加点醋也可以。

野 鸭

野鸭切厚片，秋油郁过，用两片雪梨，夹住炮炒之。苏州包道台家制法最精，今失传矣。用蒸家鸭法蒸之，亦可。

【译文】

将野鸭切成厚片，经酱油腌制后，再用两片雪梨夹住鸭片煎炒。苏州包道台家做这道菜最好，现已失传。用蒸家鸭的办法蒸野鸭也可以。

蒸 鸭

生肥鸭去骨，内用糯米一酒杯，火腿丁、大头菜丁、香蕈、笋丁、秋油、酒、小磨麻油、葱花，俱灌鸭肚内，外用鸡汤放盘中，隔水蒸透。此真定①魏太守家法也。

【译文】

把肥鸭宰杀后去掉骨头，再将一杯糯米、火腿丁、大头菜丁、香菇、笋丁、酱油、料酒、小磨麻油、葱花等，全都放进鸭

---

① 真定：今河北正定。这道菜其实是乾隆南巡时的《江南节次照常膳底档》记载的江南菜八宝葫芦鸭，袁枚说它是河北一位太守家的发明，可能最早起源于鲁菜，是鲁菜影响淮扬的又一典型例子。

肚里，装进盘中，外浇鸡汤，隔着水蒸透。这是真定魏太守家的方法。

鸭 糊 涂

用肥鸭，白煮八分熟，冷定去骨，拆成天然不方不圆之块，下原汤内煨，加盐三钱、酒半斤，捶碎山药，同下锅作纤，临煨烂时，再加姜末、香蕈、葱花。如要浓汤，加放粉纤。以芋代山药亦妙。

【译文】

将肥鸭白水煮到八成熟，冷透后去骨，切成自然的不方不圆的块，放入原汤内炖，加三钱盐、半斤酒，再将捶碎的山药下锅勾芡，待快要炖烂的时候，再加入姜末、香菇、葱花。如要汤更浓郁一些，再加放一些淀粉勾芡。用芋头代替山药也很好。

卤 鸭

不用水，用酒，煮鸭去骨，加作料食之。高要令杨公家法也。

【译文】

做卤鸭不用水而用酒煮，将煮熟的鸭去除骨头，配佐料拌着吃。这是高要县杨县令家的做法。

鸭脯

用肥鸭，斩大方块，用酒半斤、秋油一杯、笋、香蕈、葱花闷之，收卤起锅。

【译文】

把肥鸭剁成大方块，加入半斤酒、一杯酱油，再放入笋、香菇、葱花等焖烧，收汁成卤后起锅。

烧鸭

用雏鸭，上叉烧之。冯观察家厨最精。

【译文】

选取小嫩鸭叉在铁叉上烤着吃。冯观察家的厨子做得最好。

挂卤鸭

塞葱鸭腹，盖闷而烧。水西门①许店最精。家中不能

---

① 水西门：明代称三山门，清代改为水西门，是南京明城墙十三座明代内城门之一。

作。有黄、黑二色，黄者更妙。

【译文】

把葱塞进鸭肚子里，盖严锅盖焖烧。最精通此菜的要属水西门许店。普通人家中不能制作。此鸭有黄、黑两种颜色，黄的更好吃。

干蒸鸭

杭州商人何星举家干蒸鸭。将肥鸭一只，洗净斩八块，加甜酒、秋油，淹满鸭面，放磁罐中封好，置干锅中蒸之；用文炭火，不用水，临上时，其精肉皆烂如泥。以线香二枝为度。

【译文】

杭州商人何星举家干蒸鸭的做法是：将一只肥鸭洗净后剁成八块，加入甜酒、酱油，要淹过鸭面，密封在瓷罐中，再放到干锅中蒸；要用文炭火蒸煮，罐中不放水，要上桌时，鸭的瘦肉都酥烂如泥。蒸鸭的时间以一个半小时为准。

野鸭团

细斩野鸭胸前肉，加猪油、微纤，调揉成团，入鸡汤滚之。或用本鸭汤亦佳。太兴孔亲家制之甚精。

【译文】

把野鸭胸肉切下剁细，放入猪油和少量芡粉调匀，然后揉成团，放进沸腾的鸡汤中煮。或者就用煮鸭的原汤也好。泰兴孔亲家做这道菜很精致。

徐 鸭

顶大鲜鸭一只，用百花酒十二两、青盐一两二钱、滚水一汤碗，冲化去渣沫，再兑冷水七饭碗，鲜姜四厚片，约重一两，同入大瓦盖钵内，将皮纸封固口，用大火笼烧透大炭墼[1]一个；外用套包一个，将火笼罩定，不可令其走气。约早点时炖起，至晚方好。速则恐其不透，味便不佳矣。其炭墼烧透后，不宜更换瓦钵，亦不宜预先开看。鸭破开时，将清水洗后，用洁净无浆布拭干入钵。

【译文】

选用一只很大的鲜鸭，用十二两百花酒、一两二钱青盐、一碗热开水，冲洗鸭子后去除渣沫，再加入七碗冷水，另加重约一两的四厚片鲜姜，一起放进大瓦盖盆内，用皮纸封紧盆口，用大

---

① 墼（jī）：用碎末抟成的块状物。

火笼烧透，需要一大块炭；外面还得包裹一个套子，将火笼罩住，使它的热气不能外泄。如果在早餐时开始炖，到晚上才会炖好。时间短了，怕炖不透，味道就不好。炭块烧透后，不能更换瓦盆，也不应预先打开看。鸭子宰杀，用清水洗干净后，要再用洁净干燥的布擦干鸭身，才能放入盆中烹饪。

煨麻雀

取麻雀五十只，以清酱、甜酒煨之，熟后去爪脚，单取雀胸、头肉，连汤放盘中，甘鲜异常。其他鸟鹊俱可类推。但鲜者一时难得。薛生白[①]常劝人："勿食人间豢养之物。"以野禽味鲜，且易消化。

【译文】

取五十只麻雀，放入酱油、甜酒炖，烧熟后去掉脚爪，只选用雀胸和头上的肉，连同汤一起放入盘中，吃起来味道异常鲜甜。其他飞禽都可以用相同的办法来烧制。但味鲜者一时很难得到。薛生白常劝人们："不要宰杀食用人类豢养的东西。"这是因为野禽鲜美，而且容易消化。

---

① 薛生白：字生白，号一瓢，江苏吴县人，乾隆年间名医，也擅长诗文、书法和绘画。

煨鹌鹑、黄雀

鹌鹑用六合^①来者最佳。有现成制好者。黄雀用苏州糟，加蜜酒煨烂，下作料，与煨麻雀同。苏州沈观察煨黄雀，并骨如泥，不知作何制法。炒鱼片亦精。其厨馔之精，合吴门推为第一。

【译文】

鹌鹑选用产于六合县的最好。也有现成烧好的。炖黄雀用苏州糟加些蜜酒炖烂，放佐料的方法与炖麻雀相同。苏州沈观察炖黄雀可以炖到骨酥如泥，不知道是如何制作的。他家的炒鱼片也很精妙。他家的厨子厨艺之高超，在整个苏州可以推举为第一。

云林鹅

倪《云林集》^②中，载制鹅法。整鹅一只，洗净后，用盐三钱擦其腹内，塞葱一帚，填实其中，外将蜜拌酒通身满涂之，锅中一大碗酒、一大碗水蒸之，用竹箸架之，不使鹅身近水。灶内用山茅二束，缓缓烧尽为度。俟锅盖

---

① 六合：今南京市六合区。
② 倪《云林集》：全名《云林堂饮食制度集》，元末著名画家倪瓒所著，倪瓒旧家本有一堂名"云林堂"，《云林堂饮食制度集》以此堂命名。集中收有50余种菜品、饮料的制作方法。

冷后，揭开锅盖，将鹅翻身，仍将锅盖封好蒸之，再用茅柴一束，烧尽为度；柴俟其自尽，不可挑拨。锅盖用绵纸糊封，逼燥裂缝，以水润之。起锅时，不但鹅烂如泥，汤亦鲜美。以此法制鸭，味美亦同。每茅柴一束，重一斤八两。擦盐时，搀入葱、椒末子，以酒和匀。《云林集》中载食品甚多；只此一法，试之颇效，余俱附会。

【译文】

倪瓒所著的《云林集》中记载了如下的烹鹅方法：选取一整只鹅，清洗干净后用三钱盐擦遍鹅腹，然后往鹅肚内塞入一把香葱，再用蜂蜜与酒调拌后抹满鹅的全身，锅中放一大碗酒和一大碗水，用竹筷将鹅架好蒸，不要让鹅身接触水。灶膛内加两捆茅草，慢慢地烧，直到火烧尽。待锅盖冷却后再揭开锅盖，将鹅翻个身，仍将锅盖盖好了蒸，再用茅草一捆，烧完为止；要等柴火自然熄灭，不可翻拨茅草。锅盖得用绵纸糊封，如有干燥裂缝，就浇水润湿它。这样起锅时，不但鹅肉软烂如泥，汤也鲜美。用这方法烧鸭，味道也同样鲜美。每捆茅草重一斤八两。擦盐时，盐里要掺入葱和花椒粉末，并用酒调匀。《云林集》中记载的食品很多，只有烧鹅这一种方法，经我试过，证明很有效，其余的都有点牵强附会。

烧 鹅

杭州烧鹅为人所笑，以其生也。不如家厨自烧为妙。

人们总是取笑杭州的烧鹅，因为总是不熟，不如让自己家里的厨子烧为好。

▲菜蔬鱼肉

▲秋刀鱼

▲海参

▲八宝圆子

▲清蒸猪头

▲红烧羊肉

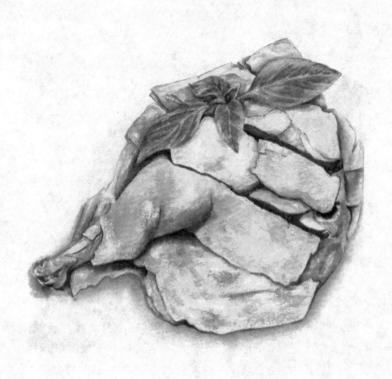

▲白切鸡

▲清蒸鱼

▲炒蟹粉

▲大虾

▲红烧豆腐

▲笋脯

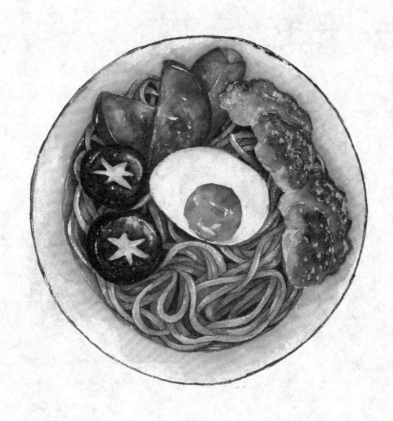

▲鸡肉香菇面

▲玉米粥

▲茶

▲面条

水族有鳞单

【导读】

有鳞的水族，其实就是鱼。

但在这一章中，又不包括前文中被列入"江鲜单"的长江鱼鲜，以及"海鲜单"中较少见的海产。

所以，所谓"水族有鳞单"的准确定位应该是不名贵的、家常的、富有烟火气息的淡水鱼。这一章里，完全没有出现某某司马、某某观察、某某巡抚的名字，都是民间常见的食材与烹调方式。

中国淡水养殖历史可以追溯到公元前 11 世纪。在唐代以前，鲤鱼是养殖最为广泛的淡水鱼类。但是因为唐皇室姓李，所以鲤鱼的养殖、捕捞、销售均被禁止。渔业者只得从事其他品种的生产，这就产生了青、草、鲢、鳙四大家鱼。

到了北宋，四大家鱼发展为更广泛的区域养殖，长江、珠江流域的养殖业逐渐兴盛起来，鱼苗的捕获、运输、筛选、贩卖已经达到专业化程度。而且出现了四大家鱼混养技术，并迅速普及。

在同时代的日本平安年间，酱油还没有普及，海鱼刺身也不是百姓能享用的东西，根据《源氏物语》与《枕草子》

的记载，当时日本民间饮食中的水产只局限于简单的鱼干和鱼汤；而同时期西方文明最发达的拜占庭帝国，其饮食也主要是以谷物和大雁肉、野驴肉、羚羊肉等野味为主，后来闻名世界的地中海金枪鱼、龙虾、青口贝，当时还只是少数贵族的专享。

鱼皆去鳞，惟鲥鱼不去。我道有鳞而鱼形始全。作《水族有鳞单》。

【译文】

鱼都要去鳞，只有鲥鱼不用去鳞。我认为有鳞才能被称为鱼，因此作《水族有鳞单》。

边　鱼①

边鱼活者，加酒、秋油蒸之。玉色为度。一作呆白色，则肉老而味变矣。并须盖好，不可受锅盖上之水气。临起加香蕈、笋尖。或用酒煎亦佳。用酒不用水，号"假鲥鱼"。

【译文】

边鱼要用活的，加酒、酱油蒸，以蒸成白玉一样的颜色为标准。如果蒸到纯白色，那么鱼肉就老了，味道也变了。蒸鱼时必须将鱼盖好，不能让鱼沾到锅盖上滴下的水汽。起锅前加香菇、笋尖。或者用酒煎也很好，用酒而不用水，号称"假鲥鱼"。

---

① 边鱼：即鳊鱼。

鲫　鱼

　　鲫鱼先要善买。择其扁身而带白色者，其肉嫩而松；熟后一提，肉即卸骨而下。黑脊浑身者，崛强槎丫，鱼中之喇子①也，断不可食。照边鱼蒸法，最佳。其次煎吃亦妙。拆肉下可以作羹。通州人能煨之，骨尾俱酥，号"酥鱼"，利小儿食。然总不如蒸食之得真味也。六合龙池出者，愈大愈嫩，亦奇。蒸时用酒不用水，稍稍用糖以起其鲜。以鱼之小大，酌量秋油、酒之多寡。

【译文】

　　鲫鱼首先是要会买。要挑选身形扁而且带白色的，这种鲫鱼肉嫩而松软；熟了后把鱼一提，鱼肉就会离骨自动落下。黑色脊背，身形浑圆的，肉块僵硬，是鲫鱼中的流氓，绝不可以吃。按照边鱼的蒸法做最好吃。其次是用油煎也很好。把鱼肉拆下可以作羹。通州人会炖鱼，鱼骨、鱼尾都是酥的，号称"酥鱼"，小孩儿吃比较适合。但是总不如蒸着吃能吃出鱼的真味。六合龙池所产的鲫鱼，个头越大越嫩，令人称奇。蒸鱼时用酒不用水，稍稍用些糖可以提鲜。应根据鱼的大小，酌量加酱油、酒。

---

① 喇子：流氓无赖、刁滑凶悍者。

白　鱼

　　白鱼肉最细。用糟鲥鱼同蒸之，最佳。或冬日微腌，加酒酿糟二日，亦佳。余在江中得网起活者，用酒蒸食，美不可言。糟之最佳，不可太久，久则肉木矣。

【译文】

　　白鱼的肉最细腻。用糟鲥鱼和白鱼一同蒸，味道最好。冬天里还可以稍微腌制，加酒酿糟两天也可以。我在长江中网到活的白鱼，就用酒蒸了吃，味道好得难以描述。做成糟鱼最好，但时间不能太长，时间长了鱼肉就变木了。

季　鱼

　　季鱼少骨，炒片最佳。炒者以片薄为贵。用秋油细郁后，用纤粉、蛋清搂之，入油锅炒，加作料炒之。油用素油。

【译文】

　　季鱼骨头少，做炒鱼片最好。炒鱼片时鱼片切得越薄越好。先用酱油细细腌制，再用芡粉、蛋清调拌包裹，放进油锅炒时再加佐料。要用植物油。

土步鱼

杭州以土步鱼为上品。而金陵人贱之，目为虎头蛇，可发一笑。肉最松嫩。煎之、煮之、蒸之俱可。加腌芥作汤、作羹尤鲜。

【译文】

杭州人把土步鱼当作上品，而南京人很轻视这种鱼，认为这种鱼是"虎头蛇"，真是可笑。这种鱼肉最松嫩。煎、煮、蒸都可以。加一些腌芥菜做汤羹，特别鲜美。

鱼 松

用青鱼、鲩鱼蒸熟，将肉拆下，放油锅中灼之，黄色，加盐花、葱、椒、瓜、姜。冬日封瓶中，可以一月。

【译文】

将青鱼、鲩鱼蒸熟后，把肉拆下来，放到油锅中炸成金黄色，然后加入适量的盐花、葱、花椒、酱瓜和姜。冬天封在瓶里，可以保存一个月。

鱼 圆

用白鱼、青鱼活者破半，钉板上，用刀刮下肉，留刺

在板上；将肉斩化，用豆粉、猪油拌，将手搅之；放微微
盐水，不用清酱，加葱、姜汁作团，成后，放滚水中煮熟
撩起，冷水养之，临吃入鸡汤、紫菜滚。

【译文】

　　将活的白鱼和青鱼剖成两半，钉在砧板上，用刀刮下鱼肉，
鱼刺留在板上；然后将鱼肉剁碎，加入豆粉、猪油拌匀，再用手
搅拌；放少许盐水，不要用酱油，放葱、姜汁后做成小团，做好
后，放进滚水中煮熟后捞起，再放进冷水里存放，临吃时放入鸡
汤、紫菜，一同烧开就可以了。

鱼　片

　　取青鱼、季鱼片，秋油郁之，加纤粉、蛋清，起油锅
炮炒，用小盘盛起，加葱、椒、瓜、姜，极多不过六两，
太多则火气不透。

【译文】

　　将青鱼、季鱼片用酱油腌制，加些芡粉、蛋清后，烧热油
锅，把鱼片放进去爆炒，用小盘盛装，加适量葱、花椒、酱瓜、
姜。鱼片最多不应超过六两，太多了火力不够就会烧不透。

连鱼①豆腐

用大连鱼煎熟，加豆腐，喷酱水、葱、酒滚之，俟汤色半红起锅，其头味尤美。此杭州菜也。用酱多少，须相鱼而行。

【译文】

将个头较大的鲢鱼煎熟，加入豆腐，放入酱油、葱和料酒烧炖，等汤色半红时起锅，里面的豆腐味道尤其鲜美。这是杭州菜。所用酱油多少，必须根据鱼的大小而定。

醋搂鱼

用活青鱼切大块，油灼之，加酱、醋、酒喷之，汤多为妙。俟熟即速起锅。此物杭州西湖上五柳居最有名。而今则酱臭而鱼败矣，甚矣！宋嫂鱼羹，徒存虚名。《梦梁录》不足信也。鱼不可大，大则味不入；不可小，小则刺多。

【译文】

将活的青鱼切成大块，用油煎。加入适量的酱、醋、酒，汤

---

① 连鱼：即鲢鱼。

多些为好。鱼块熟后立即起锅。从前杭州西湖上五柳居做的这道菜最为有名，现在却酱臭而鱼坏，真令人惋惜！宋嫂鱼羹只剩虚名了。《梦梁录》中所记载的内容不值得相信。做这道菜的鱼不可过大，过大就不容易入味；不可太小，太小鱼刺就会多。

银　鱼

银鱼起水时，名冰鲜。加鸡汤、火腿汤煨之。或炒食甚嫩。干者泡软，用酱水炒亦妙。

【译文】

银鱼刚捕捞起来时，雅号冰鲜。可以加鸡汤、火腿汤来炖。如果是炒了吃，就更嫩。银鱼干要先泡软，加上酱油来炒也很不错。

台　鲞

台鲞好丑不一。出台州松门者为佳，肉软而鲜肥。生时拆之，便可当作小菜，不必煮食也；用鲜肉同煨，须肉烂时放鲞；否则，鲞消化不见矣，冻之即为鲞冻。绍兴人法也。

【译文】

台鲞的质量好坏不一。台州松门出产的最好，那里的鱼肉质绵软而鲜肥。生时拆下鱼肉，就可以当小菜，不必煮熟吃；和鲜肉一起炖，必须等肉烂熟的时候再放入鲞，否则鲞就会融化消失。烧熟后连汤一起冷却即成为鲞冻。这是绍兴人的吃法。

糟 鲞

冬日用大鲤鱼，腌而干之，入酒糟，置坛中，封口。夏日食之。不可烧酒作泡。用烧酒者，不无辣味。

【译文】

冬天将大鲤鱼腌过后风干，然后和酒糟一起放入缸中，封好缸口。放到夏天吃。不能用烧酒去浸泡，如果用烧酒泡，就会有辣味。

虾子勒鲞

夏日选白净带子勒鲞，放水中一日，泡去盐味，太阳晒干，入锅油煎，一面黄取起，以一面未黄者铺上虾子，放盘中，加白糖蒸之，以一炷香为度。三伏日食之绝妙。

【译文】

夏天挑选白净带鱼子的鲞干，放到水中泡一天，将盐味泡去，在阳光下晒干后，放入锅里油煎，将一面煎黄后取起，在没煎黄的一面铺上虾子，放在盘中，加上白糖蒸约四五十分钟。三伏天吃这道菜极好。

鱼 脯

　　活青鱼去头尾，斩小方块，盐腌透，风干，入锅油煎；加作料收卤，再炒芝麻滚拌起锅。苏州法也。

【译文】

　　将活青鱼剁去头尾，鱼身切成小方块，用盐腌透后风干，吃时放入锅中油煎；放作料收汁，再加入炒芝麻趁热搅拌后起锅。这是苏州人的吃法。

家常煎鱼

　　家常煎鱼，须要耐性。将鲩鱼洗净，切块盐腌，压扁，入油中两面爁黄，多加酒、秋油，文火慢慢滚之，然后收汤作卤，使作料之味全入鱼中。第此法指鱼之不活者而言。如活者，又以速起锅为妙。

【译文】

　　家常煎鱼，要有耐性。先将鲩鱼洗净、切块、盐腌、压扁，然后放入油锅中将两面煎黄，再多加些酒、酱油，用文火慢慢炖熟，然后收干汤汁作卤，可使佐料的味道完全进到鱼肉中。不过这种做法是针对死鱼的。如果是活的，又以快速起锅为好。

黄姑鱼^①

岳州^②出小鱼，长二三寸，晒干寄来。加酒剥皮，放饭锅上，蒸而食之，味最鲜，号"黄姑鱼"。

【译文】

岳州出产一种小鱼，两三寸长，有人把它晒成鱼干寄给我。这种鱼的做法是将鱼剥皮、加酒，放在饭锅上蒸着吃，味道最鲜，称作"黄姑鱼"。

---

① 黄姑鱼：一般认为黄姑鱼是一种与小黄鱼外形近似的海鱼。这里所说的黄姑鱼可能是一种生活在湖溪中的野生小鱼。湖南称为黄骨鱼，肉质鲜嫩，做汤最佳。
② 岳州：今湖南岳阳。

水族无鳞单

【导读】

　　无鳞的水族，也就是除鱼之外的其他水产。

　　在大部分古代文人眼里，虾蟹贝类，是最能体现自己味蕾卓然不群的食材，但到了《随园食单》里，却落到了鄙视链的末端。袁枚开门见山地说："鱼无鳞者，其腥加倍。"

　　比如同样讲的是古代文人附庸风雅的滥觞之物——螃蟹，李渔在《闲情偶寄》里用的篇幅超过其他所有食物；而袁枚论蟹的条目甚至不如甲鱼多，更别说与长江鱼鲜、猪肉、鸡肉相比了。

　　一种食物的价值是相对的，其何以被视为名贵，往往取决于文化——正如中国人推崇的海参、鲍鱼，在西欧市场上却是无人问津的廉价海产。在中国，决定这种文化趣味的是文人阶层，大闸蟹之所以被推崇，无疑与明以前南方文人的口味和不断宣扬密不可分。

　　但到了袁枚所处的时代，这种风尚明显被越来越丰富的食材所冲击。最直接的表现是，《随园食单》里海鲜被前无古人地单列成一章，而虾蟹贝类，则被刻意弱化——或者说是以平常心对待了。

与食材日渐丰富同时发生的，是调味料让中国人的口味越来越"重"。李渔认为吃蟹要蒸熟以后放在白色盘子里，摆在桌上，让客人自己取自己吃，剖一只吃一只，掰一条腿吃一条腿，味道才不会"外泄"，袁枚却嫌清蒸蟹太淡，要用淡盐水煮着吃。甚至炒蟹粉、炖蟹羹这些李渔看来暴殄天物的做法，到了袁枚这里也变得可行。

　　也难怪到了今天，发展出蟹煲、咸肉蒸蟹这些更重口味的烹饪方法。从另一个角度来讲，对食材的渐趋平常心，或许也是人们对世界理解加深的表现。

鱼无鳞者，其腥加倍，须加意烹饪，以姜、桂胜之。作《水族无鳞单》。

【译文】

没有鳞的水族，腥气比有鳞的重几倍，必须特别用心烹制，一般是用生姜、桂皮来压制腥味。因此作《水族无鳞单》。

汤 鳗

鳗鱼最忌出骨。因此物性本腥重，不可过于摆布，失其天真，犹鲫鱼之不可去鳞也。清煨者，以河鳗一条，洗去滑涎，斩寸为段，入磁罐中，用酒水煨烂，下秋油起锅。加冬腌新芥菜作汤，重用葱、姜之类，以杀其腥。常熟顾比部①家，用纤粉、山药干煨，亦妙。或加作料，直置盘中蒸之，不用水。家致华分司②蒸鳗最佳。秋油、酒四六兑，务使汤浮于本身。起笼时，尤要恰好，迟则皮皱味失。

【译文】

鳗鱼最忌讳剔去骨头烹制。因为它腥得厉害，不能过于随意

---

① 比部：官署名，魏晋时设，为尚书列曹之一。明清时成为对刑部及其司官的习称。

② 分司：唐代中央官员有分在陪都（洛阳）执行任务者，称为"分司"。到了清代，"盐运使"下设"分司"，属刑部官员。

调理，改变它的本来特色，就像鲥鱼不能去鳞一样。清炖的话，用河鳗一条，洗去体表的黏液，切成一寸长的段，放入瓷罐中，加酒和水炖烂后，加酱油起锅。起锅时放些冬天新腌的芥菜做成汤，但要多用葱、姜等，借以除去腥味。常熟顾比部家用芡粉、山药来干煨鳗鱼，也很好吃。也可以加放作料，把鳗鱼直接放在盘中蒸，不加水。家致华分司蒸的鳗鱼最佳。方法是将酱油和酒按四六的比例相兑，一定要使原汤盖过鳗鱼。揭笼的时间要恰到好处，迟了鳗鱼皮就会起皱，滋味也随之丧失。

红煨鳗

鳗鱼用酒、水煨烂，加甜酱代秋油，入锅收汤煨干，加茴香、大料起锅。有三病宜戒者：一皮有皱纹，皮便不酥；一肉散碗中，箸夹不起；一早下盐豉，入口不化。扬州朱分司家，制之最精。大抵红煨者以干为贵，使卤味收入鳗肉中。

【译文】

将鳗鱼用酒、水炖到软烂，加入甜酱代替酱油，待收汤后煨干，加适量茴香、大料就可以起锅。此菜制作时有三个问题应注意：一是鳗皮有皱纹，皮就不会酥；二是鳗鱼肉散落在碗中，筷子夹不起来；三是太早放入盐和豆豉，使得肉入口不化。扬州的朱分司家做这道菜最为精细。一般说来红煨鳗鱼以无汤为好，这样就使卤汁滋味都收入鳗鱼的肉中。

炸　鳗

择鳗鱼大者，去首尾，寸断之。先用麻油炸熟，取起；另将鲜蒿菜嫩尖入锅中，仍用原油炒透，即以鳗鱼平铺菜上，加作料，煨一炷香。蒿菜分量，较鱼减半。

【译文】

挑选较大的鳗鱼，切去头尾后，切成一寸左右的段。将鳗鱼段先用麻油炸熟，捞起；另外将鲜蒿菜的嫩尖放入锅中，仍用原油炒透，把鳗鱼平铺在蒿菜上面，加上作料炖约四五十分钟。蒿菜的用量是鳗鱼的一半。

生炒甲鱼

将甲鱼去骨，用麻油炮炒之，加秋油一杯、鸡汁一杯。此真定魏太守家法也。

【译文】

将甲鱼剔骨后，用麻油爆炒，炒的时候加入一杯酱油、一杯鸡汁。这是真定魏太守家的做法。

酱炒甲鱼

将甲鱼煮半熟，去骨，起油锅炮炒，加酱水、葱、椒，收汤成卤，然后起锅。此杭州法也。

【译文】

将甲鱼煮至半熟后，去掉骨头，然后用油锅爆炒，再加入酱油、葱、花椒，待汤汁收干成卤后起锅。这是杭州人的吃法。

带骨甲鱼

要一个半斤重者，斩四块，加脂油三两，起油锅煎两面黄，加水、秋油、酒煨；先武火，后文火，至八分熟加蒜，起锅，用葱、姜、糖。甲鱼宜小不宜大。俗号"童子脚鱼"才嫩。

【译文】

挑选一只半斤重的甲鱼，切成四块，往锅中加入三两猪油，将甲鱼块下油锅煎至两面黄后，加上水、酱油、酒炖；先用大火，后换小火，到八成熟的时候加些蒜，起锅，这时再加放葱、姜、糖。做这道菜甲鱼小的比大的好。俗称"童子脚鱼"的吃起来才嫩。

青盐甲鱼

斩四块，起油锅炮透。每甲鱼一斤，用酒四两、大茴香三钱、盐一钱半，煨至半好，下脂油二两，切小骰子块再煨，加蒜头、笋尖，起时用葱、椒，或用秋油，则不用盐。此苏州唐静涵家法。甲鱼大则老，小则腥，须买其中样者。

【译文】

把甲鱼切成四块，下油锅炸透。每一斤甲鱼，用四两酒、三钱大茴香、一钱半盐，炖到半熟时，加入二两猪油。然后把甲鱼切成小骰子块，再炖，同时加进蒜头、笋尖，起锅时放葱、花椒，也可以用酱油，相应的就不放盐。这是苏州唐静涵家的做法。甲鱼大了肉就老，太小的话腥味重，必须买中等大小的。

汤煨甲鱼

将甲鱼白煮，去骨拆碎，用鸡汤、秋油、酒煨，汤二碗收至一碗，起锅，用葱、椒、姜末糁之。吴竹屿家制之最佳。微用纤，才得汤腻。

【译文】

将甲鱼用白水煮熟，去掉骨头后拆碎，加入鸡汤、酱油、料酒一起炖，等汤从两碗炖到剩一碗时起锅，同时放入葱、花椒、姜末。吴竹屿家这道菜烧得最好。做这道菜要用少量芡粉，这样才能使汤变得浓稠细腻。

全壳甲鱼

山东杨参将家，制甲鱼去首尾，取肉及裙，加作料煨好，仍以原壳覆之。每宴客，一客之前以小盘献一甲鱼。见者悚然，犹虑其动。惜未传其法。

【译文】

山东杨参将家烧甲鱼，切去头和尾，取下甲鱼肉及裙边，加上佐料炖好后，仍然用原壳装好。每次宴请客人时，在每个客人前用小盘摆上一只甲鱼。客人看见大吃一惊，还担心它会动。可惜他没有传授做法。

鳝丝羹

鳝鱼煮半熟，划丝去骨，加酒、秋油煨之，微用纤粉，用真金菜①、冬瓜、长葱为羹。南京厨者辄制鳝为炭，殊不可解。

【译文】

将鳝鱼煮到半熟后，去掉骨头，划成鳝丝，加入酒、酱油炖，勾少量芡粉，加黄花菜、冬瓜、长葱做成羹。南京的厨师往

---

① 真金菜：别名金菜、南菜，即黄花菜。

往把鳝鱼烧得像木炭，实在让人费解。

炒 鳝

拆鳝丝，炒之略焦，如炒肉鸡之法，不可用水。

【译文】

将鳝鱼肉切成丝炒，要炒得稍微有点焦，像炒肉鸡的方法一样，不能加水。

段 鳝

切鳝以寸为段，照煨鳗法煨之，或先用油炙，使坚，再以冬瓜、鲜笋、香蕈作配，微用酱水，重用姜汁。

【译文】

把鳝鱼切成一寸长短的段，按照炖鳗鱼的方法来炖，也可以先用油炸，使它变硬，再用冬瓜、鲜笋、香菇做配料，放少许酱油，多放一点姜汁。

虾 圆

虾圆照鱼圆法。鸡汤煨之，干炒亦可。大概捶虾时不宜过细，恐失真味。鱼圆亦然。或竟剥虾肉，以紫菜拌之，亦佳。

【译文】

　　做虾圆可参照鱼丸的做法。虾圆用鸡汤煨，也可以干炒。捶虾时不要捶得太细，以免失去虾本来的味道。做鱼圆也是这样。有人还剥出虾肉用紫菜拌了吃，味道也很好。

虾 饼

　　以虾捶烂，团而煎之，即为虾饼。

【译文】

　　把虾捶烂，捏成团后放入油锅里煎，就是虾饼。

醉 虾

　　带壳用酒炙黄捞起，加清酱、米醋煨之，用碗闷之。临食放盘中，其壳俱酥。

【译文】

　　将带壳的虾用酒煎黄后捞出，加上酱油、米醋一起炖，盛起再用碗扣上焖。要吃的时候把虾移到盘子里，连壳都是酥的。

炒 虾

炒虾照炒鱼法，可用韭配。或加冬腌芥菜，则不可用韭矣。有捶扁其尾单炒者，亦觉新异。

【译文】

炒虾可参照炒鱼的方法，可以用韭菜当配料。也可以加冬天腌的芥菜来炒，就不能再加韭菜了。也有人把虾尾拍扁了，单独来炒的，也使人觉得新奇。

蟹

蟹宜独食，不宜搭配他物。最好以淡盐汤煮熟，自剥自食为妙。蒸者味虽全，而失之太淡。

【译文】

蟹适合单独食用，不适合搭配其他东西烹饪。最好是用淡盐汤煮熟，自己剥自己吃。蒸的话，虽然可以保全鲜味，但口味太淡。

蟹 羹

剥蟹为羹，即用原汤煨之，不加鸡汁，独用为妙。见俗厨从中加鸭舌，或鱼翅，或海参者，徒夺其味而惹其腥，恶劣极矣！

【译文】

剥取蟹肉做羹，也就是用原汤来炖，不加鸡汤，单独烹制最好。我曾见过一些不高明的厨师往蟹羹中加鸭舌，或是加鱼翅、海参，这样做白白地抢了蟹的鲜味，而且还让这些辅料染上了蟹的腥味，真是太糟糕了！

炒蟹粉

以现剥现炒之蟹为佳。过两个时辰，则肉干而味失。

【译文】

这道菜以现剥现炒的蟹为好。如果过了四个小时，蟹肉就会失去水分变干，失去本来的风味。

剥壳蒸蟹

将蟹剥壳，取肉、取黄，仍置壳中，放五六只在生鸡蛋上蒸之。上桌时完然一蟹，惟去爪脚。比炒蟹粉觉有新色。杨兰坡明府以南瓜肉拌蟹，颇奇。

　　将蟹剥壳后取出肉和黄，再放回蟹壳中，五六只蟹码放在生鸡蛋上蒸熟。上桌时每个都是一只完整的蟹，只是没有脚爪。这道菜比炒蟹粉更有新意。杨兰坡家里用南瓜肉来拌蟹肉，十分新奇。

蛤　蜊

　　剥蛤蜊肉，加韭菜炒之佳。或为汤亦可。起迟便枯。

【译文】

　　剥出蛤蜊肉，放些韭菜炒是个好办法。用来做汤也可以。但是动作要快，起锅慢了肉就变老了。

蚶

　　蚶有三吃法：用热水喷之，半熟去盖，加酒、秋油醉之；或用鸡汤滚熟，去盖入汤；或全去其盖，作羹亦可。但宜速起，迟则肉枯。蚶出奉化县，品在蝉螯①、蛤蜊之上。

---

① 蝉（chē）螯：蛤类。壳紫色，如玉有斑点，肉可食。

蚶有三种吃法：用热水烫一下，半熟时去掉盖，再加酒、酱油浸泡；也可以用鸡汤烫熟，去盖后泡在汤中；还可以完全去掉盖，做成羹。但起锅要快，迟了肉就会老。蚶产于奉化县，品质在蛏螯、蛤蜊之上。

蛏 螯

先将五花肉切片，用作料闷烂。将蛏螯洗净，麻油炒，仍将肉片连卤烹之。秋油要重些，方得有味。加豆腐亦可。蛏螯从扬州①来，虑坏，则取壳中肉，置猪油中，可以远行。有晒为干者，亦佳。入鸡汤烹之，味在蛏干之上。捶烂蛏螯作饼，如虾饼样煎吃，加作料亦佳。

【译文】

先将五花肉切成片，加上作料焖烂。再把蛏螯洗净，用麻油炒，然后仍然将肉片连同原汁与蛏螯一起烧。酱油要多放才有味。加豆腐也可以。蛏螯从扬州运来，路上怕坏，那就取出壳中的肉，浸在猪油中，这样就可以长途贩运了。有把蛏螯晒制成干货的，味道也不错。如果放入鸡汤里煮，味道比蛏干更好。把蛏螯捶烂做饼，像虾饼那样煎来吃，加佐料味道也不错。

---

① 扬州：扬州地处运河和长江的交汇处，长期以来为南北交通的要冲，其腹地又是鱼米之乡，物产丰盛。清代，在扬州北湖地区形成了巨大的水产集市。

程泽弓蛏干

程泽弓商人家制蛏干，用冷水泡一日，滚水煮两日，撤汤五次。一寸之干，发开有二寸，如鲜蛏一般，才入鸡汤煨之。扬州人学之，俱不能及。

【译文】

商人程泽弓家制作蛏干，是先用冷水泡一天，再用开水煮两天，其间要换五次水。这样，一寸长的蛏干可以发到两寸长，看上去像鲜蛏一样时，才可以放进鸡汤炖。扬州有很多人学这种做法，但都比不上他家。

鲜 蛏

烹蛏法与蚶蛤同，单炒亦可。何春巢家蛏汤豆腐之妙，竟成绝品。

【译文】

烹饪蛏子的方法与烹饪蚶蛤的方法相同，单独炒食也可以。何春巢家烹制的蛏汤豆腐非常好，居然成了绝品。

水　鸡①

　　水鸡去身用腿，先用油灼之，加秋油、甜酒、瓜、姜起锅。或拆肉炒之，味与鸡相似。

【译文】

　　去掉青蛙的身子只用蛙腿，先用油炒一下，再加酱油、甜酒、酱瓜和姜烧熟起锅。或是拆取青蛙肉来炒，味道与鸡肉相似。

熏　蛋

　　将鸡蛋加作料煨好，微微熏干，切片放盘中，可以佐膳。

【译文】

　　将鸡蛋加上作料炖好，稍稍熏干后，切成片放入盘中，可以用来当小菜。

茶叶蛋

　　鸡蛋百个，用盐一两。粗茶叶煮两枝线香为度。如蛋

---

① 水鸡：即青蛙。

五十个，只用五钱盐，照数加减。可作点心。

【译文】

一百个鸡蛋，用一两盐。将鸡蛋与粗茶叶同煮一个半小时左右。如果是五十个鸡蛋，那只需要用五钱盐，用盐量按鸡蛋数增减。做成的茶叶蛋可作点心。

杂素菜单

【导读】

　　川菜里被认为格调最高的一道菜，是开水白菜。做法极为麻烦，要用鸡、鸭、排骨、干贝熬煮吊出高汤，再用鸡脯蓉、猪肉蓉澄澈高汤并调味，最后用高汤把白菜浇熟，连汤一起上桌。让客人看着像是白水煮的白菜，吃到嘴里却是满口的高汤鲜味。

　　其实论滋味，开水白菜真的有炸猪排、卤牛肉好？我觉得未必。毕竟哪怕有诸多高汤加持，白菜终归还是带叶蔬菜。从人类的本能出发，植物纤维带给口腔的满足感无法与脂肪、蛋白质、糖带来的充盈感相比。

　　至于烹饪，中国这个古老的农耕国家，虽然肉食一直较为缺乏，却也崇尚只尝肉味而不见肉形，不止开水白菜，比如潮汕菜中的一些高级菜肴如护国素菜、玻璃白菜、大芥菜煲等，都是运用这种技法做成的。甚至连芋泥、白果之类的甜品，如果不特别要求素斋，也都是用猪油而不是素油制作。

　　这一章《杂素菜单》，就充分体现了袁枚本人的这种审美取向。同时，他在这一章中提及的"观察""尚书""太守"等官员数量，也是全书之最，反映了文人士大夫阶层对于烹饪的共识。

菜有荤素，犹衣有表里也。富贵之人，嗜素甚于嗜荤。作《素菜单》。

【译文】

菜品有荤菜、素菜之分，就如同衣裳有表、里的不同。富贵人家喜欢吃素菜要胜过吃荤菜，因而作《素菜单》。

蒋侍郎豆腐

豆腐两面去皮，每块切成十六片，晾干，用猪油热灼，清烟起才下豆腐，略洒盐花一撮，翻身后，用好甜酒一茶杯，大虾米一百二十个；如无大虾米，用小虾米三百个；先将虾米滚泡一个时辰，秋油一小杯，再滚一回，加糖一撮，再滚一回，用细葱半寸许长，一百二十段，缓缓起锅。

【译文】

除去豆腐两面的皮，每块都切成十六片，晾干。将猪油煎至起清烟时再放入豆腐，撒一小撮盐，将豆腐翻面，加入一杯优质甜酒、一百二十个大虾米；如果没有大虾米，就用三百个小虾米；事先要将虾米用开水煮两个小时，然后加放酱油一小杯，煎炒一会儿，加一小撮糖，再煎炒一会儿，将一百二十段半寸来长的细葱放入锅中，然后慢火起锅。

杨中丞豆腐

用嫩豆腐，煮去豆气，入鸡汤，同鳆鱼片滚数刻，加糟油、香蕈起锅。鸡汁须浓，鱼片要薄。

【译文】

用水煮嫩豆腐，除去豆腥味，然后放进鸡汤中，同时加入鲍鱼片煮一会儿，再加糟油、香菇起锅。鸡汁必须浓，鲍鱼片要切得薄。

张恺豆腐

将虾米捣碎，入豆腐中，起油锅，加作料干炒。

【译文】

将虾米捣碎，放进豆腐中，起锅将油烧热，加入佐料干煸。

庆元豆腐

将豆豉一茶杯，水泡烂，入豆腐同炒起锅。

【译文】

将一杯豆豉用水泡烂，放入豆腐中一同炒熟后起锅。

芙蓉豆腐

用腐脑，放井水泡三次，去豆气，入鸡汤中滚，起锅时加紫菜、虾肉。

【译文】

先将豆腐脑放入井水中泡三次，除去豆腥味，再放入鸡汤中煮，要起锅时加紫菜、虾肉。

王太守八宝豆腐

用嫩片切粉碎，加香蕈屑、蘑菇屑、松子仁屑、瓜子仁屑、鸡屑、火腿屑，同入浓鸡汁中，炒滚起锅。用腐脑亦可。用瓢不用箸。孟亭①太守云："此圣祖②赐徐健庵③尚书方也。尚书取方时，御膳房费一千两。"太守之祖楼村先生④为尚书门生，故得之。

【译文】

将嫩豆腐切得粉碎，加入香菇屑、蘑菇屑、松子仁屑、瓜子

---

① 孟亭：王箴舆，字敬倚，号孟亭，康熙五十一年进士，官卫辉知府。工诗，与袁枚交好。
② 圣祖：清圣祖康熙帝。
③ 徐健庵：江苏昆山人，顾炎武的外甥，康熙时期的大学者，一代名臣。
④ 楼村先生：王式丹，字方若，号楼村。

仁屑、鸡肉屑和火腿屑。一起放进浓鸡汤中，煮沸了起锅。此菜用豆腐脑制作也可以。吃时用勺而不用筷子。王箴舆太守说："这是康熙皇帝赐给徐健庵尚书的菜谱。尚书取菜谱时支付给御膳房一千两银子。"王太守的祖父楼村先生是徐健庵尚书的弟子，因此能得到这个菜谱。

程立万豆腐

乾隆廿三年，同金寿门①在扬州程立万家食煎豆腐，精绝无双。其腐两面黄干，无丝毫卤汁，微有蟛螯鲜味。然盘中并无蟛螯及他杂物也。次日告查宣门，查宣门曰："我能之！我当特请。"已而，同杭董莆同食于查家，则上箸大笑，乃纯是鸡、雀脑为之，并非真豆腐，肥腻难耐矣。其费十倍于程，而味远不及也。惜其时余以妹丧急归，不及向程求方。程逾年亡。至今悔之。仍存其名，以俟再访。

【译文】

乾隆二十三年，我和金农一起在扬州程立万家吃煎豆腐，那味道真是精妙绝伦，独一无二啊。那豆腐两面颜色黄而且干，没有一点卤汁，略微有点蟛螯的鲜味。然而盘中并没有蟛螯及其他配菜。第二天我告诉了查宣门，查说："我会做这道菜，我一定请你们品尝。"过后，我就与杭州董莆同去查家吃饭。刚用筷夹

---

① 金寿门：金农，字寿门、司农、吉金。清代书画家，扬州八怪之首。

起我就大笑，原来全都是用鸡、雀的脑做的，并非真的豆腐，真是肥腻难吃啊。成本比程立万家的菜豆腐多出十倍，而味道却远远不及。可惜当时我因为妹妹的丧事急着回家，来不及向程立万求得制作方法。过了一年程立万就去世了。我至今还在后悔没有得到这道菜的做法。现在我在《随园食单》中记下这个菜的名称，等待今后有机会再寻访这一做法。

冻豆腐

将豆腐冻一夜，切方块，滚去豆味，加鸡汤汁、火腿汁、肉汁煨之。上桌时，撤去鸡、火腿之类，单留香蕈、冬笋。豆腐煨久则松，面起蜂窝，如冻腐矣。故炒腐宜嫩，煨者宜老。家致华分司，用蘑菇煮豆腐，虽夏月亦照冻腐之法，甚佳。切不可加荤汤，致失清味。

【译文】

将豆腐冻一整晚，切成方块，用开水煮去豆味，加入鸡汤、火腿汁、肉汁一起炖。上桌时，撤掉鸡、火腿之类的东西，只留香菇、冬笋。豆腐炖久了会变得疏松，表面起蜂窝眼，如同冻豆腐的样子。因此，炒的豆腐应嫩，炖的豆腐应老。家致华分司用蘑菇与豆腐同煮，即使夏天也照冻豆腐的办法做，非常好。千万不可加荤汤，否则会失去清香的味道。

虾油①豆腐

取陈虾油代清酱，炒豆腐须两面煎黄。油锅要热，用猪油、葱、椒。

【译文】

用陈年虾油来代替酱油炒豆腐，必须将豆腐两面煎黄。油锅要热，作料用猪油、葱和花椒。

蓬蒿菜

取蒿尖，用油灼瘪，放鸡汤中滚之，起时加松菌②百枚。

【译文】

将蓬蒿菜尖用油炒瘪，再放进鸡汤中烧煮，起锅时加入一百个松茸。

蕨　菜

用蕨菜不可爱惜，须尽去其枝叶，单取直根，洗净煨

---

① 虾油：以鲜虾为原料，经发酵提取的汁液。虾油是中国沿海各地食用的一种味美价廉的调味品，是传统海产调味品之一，越陈越香。
② 松菌：松茸，学名松口蘑，别名松蕈。

烂，再用鸡肉汤煨。必买矮弱者才肥。

【译文】

择蕨菜不要舍不得，必须把枝叶全部去掉，只留下嫩茎，清洗干净炖烂后，再用鸡肉汤来炖。此菜应选取矮小的植株，口感才肥嫩。

葛仙米

将米细检淘净，煮半烂，用鸡汤、火腿汤煨。临上时，要只见米，不见鸡肉、火腿搀和才佳。此物陶方伯家制之最精。

【译文】

将葛仙米仔细挑选，清洗干净，煮到半烂的时候，再用鸡汤、火腿汤炖。要上桌时，只见葛仙米，不见鸡肉、火腿才算做得好。这道菜陶方伯家制作得最为精妙。

羊肚菜

羊肚菜出湖北。食法与葛仙米同。

羊肚菜主要出产于湖北。吃法与葛仙米一样。

石　发①

制法与葛仙米同。夏日用麻油、醋、秋油拌之，亦佳。

【译文】

制作方法与葛仙米相同。夏天用麻油、醋、酱油凉拌吃也很好。

珍珠菜②

制法与蕨菜同。上江新安所出。

【译文】

制作方法与蕨菜相同。出产于新安江上游。

素烧鹅

煮烂山药，切寸为段，腐皮包，入油煎之，加秋油、

---

① 石发：生于水边石上的苔藻。
② 珍珠菜：菊科植物，叶片形状与野菊花相似，又叫白花蒿、明日叶。

酒、糖、瓜、姜，以色红为度。

【译文】

将山药煮烂，切成一寸长短的段，用豆腐皮包住，放进油锅里炸，然后加入酱油、酒、糖和酱瓜、姜一起烧煮，以烧到颜色变红为标准。

韭

韭，荤物也。专取韭白，加虾米炒之便佳。或用鲜虾亦可，蚬亦可，肉亦可。

【译文】

韭菜属于荤菜。只用韭菜茎嫩白色的部分，加入虾米炒着吃，味道就很好。或者是用鲜虾与它搭配，蚬和猪肉也可以。

芹

芹，素物也，愈肥愈妙。取白根炒之，加笋，以熟为度。今人有以炒肉者，清浊不伦。不熟者，虽脆无味。或生拌野鸡，又当别论。

　　芹菜属于素菜。长得越大的越好。选取白茎炒着吃，放入笋，以炒熟为准。现在有人用芹菜来炒肉，清浊混杂，不伦不类。如果炒得不熟，就会觉得口感虽脆，但没有味道。但若是用生芹菜拌野鸡肉，那就另当别论了。

豆　芽

　　豆芽柔脆，余颇爱之。炒须熟烂，作料之味，才能融洽。可配燕窝，以柔配柔，以白配白故也。然以极贱而陪极贵，人多嗤之。不知惟巢、由[①]正可陪尧、舜[②]耳。

【译文】

　　豆芽柔软脆嫩，我很喜欢。此菜烹炒时一定不要炒得熟烂，佐料的味道才能融进菜中。豆芽可以配燕窝，这是出于以柔配柔，以白配白的缘故。然而用最便宜的东西去配最昂贵的东西，这种做法常常被人们嗤笑，却不知道巢父和许由这样的隐士正好可与尧、舜等圣人相配。

---

① 巢、由：巢，传说中的高士。因筑巢而居，人称巢父。尧以天下让之，不受，隐居聊城，以放牧了此一生。由，许由，尧舜时代的贤人。帝尧在位的时候，见到了贤人许由，便想传位于他。许由认为这是对他的一种羞辱，便到颍水洗耳朵。
② 尧、舜：传说中的上古帝王，是古代贤君的代称。

茭

茭白炒肉、炒鸡俱可。切整段，酱、醋炙之，尤佳。煨肉亦佳。须切片，以寸为度，初出太细者无味。

【译文】

茭白用来炒肉、炒鸡都可以。把茭白切成整段，放入酱、醋清炒，味道更好。茭白炖肉也好。但须切成片，以一寸长为标准。刚长出的太细嫩的茭白没有味道。

青 菜

青菜择嫩者，笋炒之。夏日芥末拌，加微醋，可以醒胃。加火腿片，可以作汤。亦须现拔者才软。

【译文】

选择嫩青菜，可以与笋一起炒着吃。夏天用芥末凉拌，稍微加点醋，可以开胃。加入些火腿片，可以做成汤。但必须是新鲜采摘的青菜才会软嫩。

台 菜

炒台菜心最懦，剥去外皮，入蘑菇、新笋作汤。炒食加虾肉，亦佳。

【译文】

炒台菜心非常软，也可以剥去台菜的外皮，放入蘑菇、新笋做成汤。或者加虾肉炒着吃也很好。

白　菜

白菜炒食，或笋煨亦可。火腿片煨、鸡汤煨俱可。

【译文】

白菜炒着吃，或者用冬笋焖熟也可以。与火腿片同煮，放入鸡汤中煮也可以。

黄芽菜

此菜以北方来者为佳。或用醋搂，或加虾米煨之，一熟便吃，迟则色、味俱变。

【译文】

黄芽菜以北方运过来的为上等。可以用醋熘，也可以加虾米炖烧，一旦熟了就得立刻吃，时间长了菜的颜色、味道都会变。

瓢儿菜^①

炒瓢菜心，以干鲜无汤为贵。雪压后更软。王孟亭太守家，制之最精。不加别物，宜用荤油。

【译文】

炒瓢菜心，出菜成品以干鲜无汤为好。被雪压过的菜炒出来更加软嫩。王箴舆太守家做的这个菜最精致。不放其他的东西，适宜用荤油来炒。

波 菜

波菜肥嫩，加酱水、豆腐煮之。杭人名"金镶白玉板"是也。如此种菜虽瘦而肥，可不必再加笋尖、香蕈。

【译文】

菠菜肥而且嫩，可加入酱油、豆腐一起煮着吃。杭州人称为"金镶白玉板"的就是这个菜。这种菜虽然长得细长但叶片肥嫩，不用再加笋尖、香菇。

---

① 瓢儿菜：即油菜。

蘑菇

蘑菇不止作汤，炒食亦佳。但口蘑最易藏沙，更易受霉，须藏之得法，制之得宜。鸡腿蘑便易收拾，亦复讨好。

【译文】

蘑菇不仅做汤好喝，炒着吃也很好。但口蘑最容易夹藏沙泥，更容易长霉变质，必须储存得法，洗得干净，烹炒得当。鸡腿菇相比起来较容易收拾，也容易做出好味道。

松菌

松菌加口蘑炒最佳。或单用秋油泡食，亦妙。惟不便久留耳，置各菜中，俱能助鲜。可入燕窝作底垫，以其嫩也。

【译文】

松茸加入口蘑一起炒最好。或者只用酱油泡着吃也很好。只是不便于长时间存放，将它放入各种菜中，都能增加鲜味。可以作为燕窝的底垫，这是因为它非常鲜嫩的缘故。

面筋二法

一法，面筋入油锅炙枯，再用鸡汤、蘑菇清煨。一法，不炙，用水泡，切条入浓鸡汁炒之，加冬笋、天花①。章淮树②观察家，制之最精。上盘时宜毛撕，不宜光切。加虾米泡汁，甜酱炒之，甚佳。

【译文】

面筋的一种吃法是将其放入油锅中炸干，再加鸡汤、蘑菇清炖。另一种方法是不炸，而先用水泡，切条加入浓鸡汤中，炒时再加冬笋、天花。这道菜章淮树观察家制作得最精致。上盘时适宜撕，不应用刀切。加入虾米泡出的汤汁后，放些甜酱炒，味道也很好。

茄二法

吴小谷广文家，将整茄子削皮，滚水泡去苦汁，猪油炙之。炙时须待泡水干后，用甜酱水干煨，甚佳。卢八太爷家，切茄作小块，不去皮，入油灼微黄，加秋油炮炒，亦佳。是二法者，俱学之而未尽其妙。惟蒸烂划开，用麻油、米醋拌，则夏间亦颇可食。或煨干作脯，置盘中。

---

① 天花：一种产自五台山地区的菌类，味甘，与蘑菇稍相似。
② 章淮树：章攀桂，字淮树，安徽桐城人。乾隆中，官甘肃知县，累擢苏松太兵备道。

【译文】

　　吴小谷广文家做茄子，是将整个茄子削去皮，用开水泡去苦汁后，再放入猪油里炸。炸之前一定要等茄子上的水干了，随后加入甜酱水干煨，这种做法很好吃。卢八太爷家是将茄子切成小块，不去皮，放入油锅煎成微黄，再加酱油煎炒，也好吃。这两种做法，我都学过但没有学到家。只擅长将茄子蒸烂划开，用麻油、米醋拌，夏天食用特别好吃。或是炖干放在盘中作脯。

苋　羹

　　苋须细，摘嫩尖，干炒，加虾米或虾仁，更佳。不可见汤。

【译文】

　　苋菜要选细小的，并且只摘下嫩尖，然后干炒。如加些虾米或虾仁味道更好。但不能有汤汁。

芋　羹

　　芋性柔腻，入荤入素俱可。或切碎作鸭羹，或煨肉，或同豆腐加酱水煨。徐兆璜①明府家，选小芋子入嫩鸡煨

---

① 徐兆璜：江宁知府，与袁枚有交情，随园建成时，徐兆璜亲书对联，后来此联被袁枚收录到《续同人集》中。

汤，妙极！惜其制法未传。大抵只用作料，不用水。

【译文】

芋头性柔软细腻，搭配荤菜、素菜都可以。有的人将芋头切碎放入鸭羹中，有的人用来炖肉，有人将其与豆腐放在一起加酱油、水炖。徐兆璜家会选用小芋子与嫩鸡一起炖汤，味道非常好，可惜做法没有流传出来。我猜大概是只用佐料，不放水。

豆腐皮

将腐皮泡软，加秋油、醋、虾米拌之，宜于夏日。蒋侍郎家入海参用，颇妙。加紫菜、虾肉作汤，亦相宜。或用蘑菇、笋煨清汤，亦佳。以烂为度。芜湖敬修和尚，将腐皮卷筒切段，油中微炙，入蘑菇煨烂，极佳。不可加鸡汤。

【译文】

先将豆腐皮放在水中泡软，沥干后再加酱油、醋、虾米凉拌，很适合在夏天吃。蒋侍郎家在海参中加进豆腐皮，味道不错。加紫菜、虾肉做汤，也很合适。或是同蘑菇、笋一起熬清汤也不错。但都得烧到酥烂。芜湖的敬修和尚将豆腐皮卷成筒再切段，放入油锅中微炸，同蘑菇一起煨烂，极好。做豆腐皮不可加入鸡汤。

扁　豆

取现采扁豆，用肉、汤炒之，去肉存豆。单炒者油重为佳。以肥软为贵。毛糙而瘦薄者，瘠土所生，不可食。

【译文】

选取新鲜的扁豆，放猪肉、加少许高汤一起炒，最后去掉肉只留扁豆。清炒时多用油为好。挑选扁豆以肥、软的为好。毛糙而瘦薄的豆荚，是贫瘠土地上生长的，不能吃。

瓠子①、王瓜

将鲩鱼切片先炒，加瓠子，同酱汁煨。王瓜亦然。

【译文】

将鲩鱼切成片先炒一下，再加入瓠子，用酱油来炖。王瓜也可这样制作。

煨木耳、香蕈

扬州定慧庵僧，能将木耳煨二分厚，香蕈煨三分厚。

---

① 瓠（hù）子：即瓠瓜，可炒食、可做汤。

先取蘑菇熬汁为卤。

【译文】

扬州定慧庵的和尚能将木耳炖成二分厚，香菇炖成三分厚。方法是先用蘑菇把汤水熬成浓卤。

冬 瓜

冬瓜之用最多。拌燕窝、鱼肉、鳗、鳝、火腿皆可。扬州定慧庵所制尤佳。红如血珀，不用荤汤。

【译文】

冬瓜的用处最多，与燕窝、鱼肉、鳗、鳝及火腿一起拌都可以。扬州定慧庵所制做的尤其好。菜品呈红色，就像血红的琥珀，不加入荤汤。

煨鲜菱

煨鲜菱，以鸡汤滚之。上时将汤撤去一半。池中现起者才鲜，浮水面者才嫩。加新栗、白果煨烂，尤佳。或用糖亦可。作点心亦可。

【译文】

煨鲜菱的方法是用鸡汤煮，要上桌时将汤撤去一半。菱在水塘中现摘的才鲜美，浮出水面的才柔嫩。做菜时加入新鲜的栗子、白果一同煨烂，味道会更好。或者放糖也可以。做点心也可以。

豇　豆

豇豆炒肉，临上时，去肉存豆。以极嫩者，抽去其筋。

【译文】

豇豆炒肉，将要上桌时，去掉肉只留豇豆在碟中。吃豇豆选用最嫩的为好，烹饪前要先抽去豇豆的边筋。

煨三笋

将天目笋、冬笋、问政笋①，煨入鸡汤，号"三笋羹"。

---

① 问政笋：歙县东问政山出产的竹笋。袁枚说的问政笋就是杭州笋，原因是当时大量徽商在杭州地区做生意，思乡情浓，常托人捎去问政山竹笋尝鲜，因为道路不便，大量鲜笋被做成笋干，后来贩售笋干成为一宗买卖，杭州人遂把本地贸易的笋干称为问政笋。

将天目笋、冬笋和问政笋一起放入鸡汤炖，成菜后称它为
"三笋羹"。

芋煨白菜

芋煨极烂，入白菜心烹之，加酱水调和，家常菜之最
佳者。惟白菜须新摘肥嫩者，色青则老，摘久则枯。

【译文】

先把芋头炖得极烂，再放入白菜心一同煮。然后稍加酱油调
和，就成了最好的家常菜。只是白菜要用新摘下的、肥嫩的，颜
色青的便老了，摘下时间久了叶片就会干枯。

香珠豆

毛豆至八九月间晚收者，最阔大而嫩，号"香珠豆"。
煮熟，以秋油、酒泡之。出壳可，带壳亦可，香软可爱。
寻常之豆，不可食也。

【译文】

到八九月间才采摘的晚收毛豆，豆粒阔大而鲜嫩，人们称它
为"香珠豆"。煮熟以后放在酱油、酒中浸泡即成。可以去壳，

也可以带壳，香软可爱。与它相比，一般的毛豆是不值得吃的。

马 兰

马兰头菜，摘取嫩者，醋合笋拌食。油腻后食之，可以醒脾。

【译文】

选取嫩的马兰头菜，加入醋配笋拌着吃。吃了油腻的食物之后吃它，可以醒脾。

杨花菜

南京三月有杨花菜，柔脆与波菜相似，名甚雅。

【译文】

南京三月间出产杨花菜，柔而脆如同菠菜一样。菜名也很雅致。

问政笋丝

问政笋，即杭州笋也。徽州人送者，多是淡笋干，只好泡烂切丝，用鸡肉汤煨用。龚司马取秋油煮笋，烘干上桌，徽人食之，惊为异味。余笑其如梦之方醒也。

【译文】

　　问政笋就是杭州笋。徽州人当作礼物馈赠人的多半是淡笋干，吃时只是用水泡软后切成丝，再用鸡肉汤炖熟。龚司马拿酱油煮笋，烘干后上桌，徽州人吃了，惊叹这道菜的味道很奇异。我觉得他们如梦方醒的神态很好笑。

炒鸡腿蘑菇

　　芜湖大庵和尚，洗净鸡腿蘑菇去沙，加秋油、酒炒熟，盛盘宴客，甚佳。

【译文】

　　芜湖大庵的和尚，把鸡腿菇冲洗干净，除去泥沙，加入酱油、酒炒熟，盛到盘中当作宴请客人的菜肴，很好。

猪油煮萝卜

　　用熟猪油炒萝卜，加虾米煨之，以极熟为度。临起加葱花，色如琥珀。

　　先用熟猪油煸炒萝卜，再加入虾米来炖，以极其熟烂为准。要起锅时再加入葱花，萝卜的颜色看起来就像琥珀一样。

小菜单

在宋代文莹所著的《玉壶野史》里，记载了一段宋太宗赵光义和状元苏易简的对话：

宋太宗问苏易简："食品叫作'珍'，什么最好吃呢？"苏易简回答说："饮食没有固定的口味，适合自己口味的就是最好的。我自认为酸汤最可口。"太宗笑问他原因，他说："我在一个很冷的雪夜，烤着火喝热酒，不觉酩酊大醉，盖上厚被子睡了过去。一觉醒来，嘴巴很渴，我到处找水，来到月色通明的院子里，看到残雪下有一个酸菜坛子，来不及叫仆人找水瓢，就用雪搓搓手，捧起就喝。我当时喝的酸汤，感觉神仙厨房里的鸾肉凤脯也比不了。后来我多次想写一篇《冰壶先生传》来记录那种超爽的感觉，但总也没空闲。"太宗笑道："说得好。"

因为这段记载，苏易简所说的"物无定味，适口者珍"成了后来无数热爱美食的文人的金科玉律。

这章《小菜单》，其实讲的大多是普通的腌菜、酱菜。在《诗经》里，就有"中田有庐，疆场有瓜，是剥是菹，献之皇祖"的诗句。庐和瓜是蔬菜，"剥"和"菹"是腌渍加工的意思。到了贾思勰著《齐民要术》时，已经有了盐腌、盐水渍甚至加醋发酵做成泡菜的技术。明清时期，酱菜已经形成产业。各大酱园如北京六必居、扬州三和、长沙九如斋、广州致美斋，无不是名震一方的酱菜品牌。即便到了民国，酱园经营者依然有着较高的社会地位。诗人徐志摩的祖传家业，正是海宁著名的徐裕丰酱园。

　　这种情况的出现，与民间巨大的酱菜需求，以及文人士大夫们的推崇不无关系。

小菜佐食，如府史胥徒①佐六官也。醒脾解浊，全在于斯。作此《小菜单》。

【译文】

小菜是用来佐食的，就像衙门中的差役要辅助官员一样。减轻脾胃负担，去除体内污秽，全靠小菜了。特作《小菜单》。

笋　脯

笋脯出处最多，以家园所烘为第一。取鲜笋加盐煮熟，上篮烘之。须昼夜环看，稍火不旺则溲矣。用清酱者色微黑。春笋、冬笋皆可为之。

【译文】

出产笋脯的地方非常多，一般自家庭园里烘烤的最好。取新鲜的竹笋加盐煮熟后，上篮烘制。制作时需要昼夜不间断地照看，如果火稍微不旺就会酸败。加入酱油的竹笋，颜色就微黑。春笋、冬笋都可以做成脯。

---

① 府史胥徒：应为"府吏胥徒"之误，府吏是有文化的庶人，在官府中负责文字工作。胥徒本意为民服徭役者，后泛指官府衙役。

天目笋

天目笋多在苏州发卖。其篓中盖面者最佳,下二寸便挽入老根硬节矣。须出重价,专买其盖面者数十条,如集狐腋成裘之义。

【译文】

天目笋多在苏州销售。篓中盖在面上的最好,盖面二寸以下的就有掺入老根硬节的。必须要出高价,专买篓面上那数十条,如同搜集狐狸腋下的皮毛最后可以制成衣服之义。

玉兰片

以冬笋烘片,微加蜜焉。苏州孙春杨家有盐、甜二种,以盐者为佳。

【译文】

烘烤冬笋片,只需略加一点蜜糖就是玉兰片。苏州孙春杨家有咸味、甜味两种玉兰片,以咸味的为好。

素火腿

处州^①笋脯，号"素火腿"，即处片也。久之太硬，不如买毛笋自烘之为妙。

【译文】

处州出产的笋脯，号称"素火腿"，也就是处片。放久了就会变得干硬，还不如买毛笋自己来烘制更好。

宣城笋脯

宣城笋尖，色黑而肥，与天目笋大同小异，极佳。

【译文】

宣城出产的笋尖，颜色黑而且肥厚，类似于天目笋，属于上等品。

人参笋

制细笋如人参形，微加蜜水。扬州人重之，故价颇贵。

---

① 处州：今浙江丽水一带。

【译文】

　　把细笋做成人参的形状，处理时略加蜂蜜水。扬州人把这种笋看得很贵重，因此售价很贵。

笋　油

　　笋十斤，蒸一日一夜，穿通其节，铺板上，如作豆腐法，上加一板压而榨之，使汁水流出，加炒盐一两，便是笋油。其笋晒干仍可作脯。天台僧制以送人。

【译文】

　　用竹笋十斤，蒸一天一夜，穿通笋节后，铺在木板上，用做豆腐的方法，上面盖一块板压榨，使笋汁水流出，在这汁水中加一两炒盐，这便是笋油。压榨过的笋晒干后仍可做脯。天台和尚常制作这种笋油用来馈赠人。

糟　油

　　糟油出太仓州，愈陈愈佳。

【译文】

　　糟油出产于太仓，越是陈年的品质越好。

虾 油

买虾子数斤，同秋油入锅熬之，起锅用布沥出秋油，乃将布包虾子，同放罐中盛油。

【译文】

买几斤小虾，加上酱油一起入锅熬煮。起锅时先用布沥出酱油，然后用布把小虾包好，一起放到装满油的罐中。

喇虎酱

秦椒①捣烂，和甜酱蒸之，可用虾米搀入。

【译文】

把秦椒捣烂与甜酱一同蒸熟，也可以掺入虾米。

熏鱼子

熏鱼子色如琥珀，以油重为贵。出苏州孙春杨家，愈新愈妙，陈则味变而油枯。

---

① 秦椒：辣椒中的佳品，古人不知辣椒为南美洲进口物，认为最高品质的辣椒原产自关中八百里秦川。

【译文】

　　熏鱼子颜色类似于琥珀，以油多的为上等品。此菜出自苏州孙春杨家，越是新鲜的越好，时间长了味道就会改变，而且油也挥发掉了。

腌冬菜、黄芽菜

　　腌冬菜、黄芽菜，淡则味鲜，咸则味恶。然欲久放，则非盐不可。尝腌一大坛，三伏时开之，上半截虽臭、烂，而下半截香美异常，色白如玉，甚矣！相士之不可但观皮毛也。

【译文】

　　腌制的冬菜、黄芽菜，淡的味鲜，咸的味臭。但如果想长时间存放，必须多用盐。我曾腌过一大缸，到三伏天的时候揭开缸盖，上半缸虽然又臭又烂，但那下半缸却又鲜又香，颜色白如玉，实在是非常奇妙！这如同选拔人才不可只看外表。

莴苣

　　食莴苣有二法：新酱者，松脆可爱；或腌之为脯，切片食甚鲜。然必以淡为贵，咸则味恶矣。

　　莴苣有两种吃法：刚刚酱制的莴苣松脆可口；也可以把它腌成脯，切成片吃很鲜。但是一定要以淡些为好，咸了味道就差了。

香干菜

　　春芥心风干，取梗淡腌，晒干，加酒、加糖、加秋油，拌后再加蒸之，风干入瓶。

【译文】

　　把春天的芥菜心风干后，摘取它的梗稍加盐腌制，晒干后，加入酒、糖、酱油，拌匀蒸熟，风干之后再放入瓶中。

冬　芥

　　冬芥名雪里红。一法整腌，以淡为佳；一法取心风干、斩碎，腌入瓶中，熟后杂鱼羹中，极鲜。或用醋煨，入锅中作辣菜亦可，煮鳗、煮鲫鱼最佳。

【译文】

　　冬天的芥菜又称为雪里红。一种做法是整棵腌制，口味以清淡的为好；另外一种方法是将菜心风干，切碎，放到瓶中腌制，腌透后掺入鱼羹中味道非常鲜。或是用醋来煨，也可以放入锅中做辣菜。用来煮鳗鱼、鲫鱼最好吃。

春 芥

取芥心风干、斩碎，腌熟入瓶，号称"挪菜"。

【译文】

将春天的芥菜心风干、剁碎，腌熟后放入瓶中，称为"挪菜"。

芥 头

芥根切片，入菜同腌，食之甚脆。或整腌，晒干作脯，食之尤妙。

【译文】

把芥菜根切成片，放入芥菜中一起腌制，吃起来非常爽脆。或者是整棵腌制晒干后做脯，吃起来更好。

芝麻菜

腌芥晒干，斩之碎极，蒸而食之，号"芝麻菜"。老人所宜。

【译文】

　　把腌好的芥菜晒干后，要剁得很碎。蒸熟后吃，称为"芝麻菜"。是比较适宜老人吃的小菜。

腐干丝

　　将好腐干切丝极细，以虾子、秋油拌之。

【译文】

　　将优质的豆腐干切成极细的丝，用小虾、酱油拌着吃。

风瘪菜

　　将冬菜取心风干，腌后榨出卤，小瓶装之，泥封其口，倒放灰上。夏食之，其色黄，其臭香。

【译文】

　　只取冬天的芥菜菜心，风干，腌制后榨出卤汁，放入小瓶中装好，用泥封好瓶口，倒放在灰上。这种小菜夏天吃的时候颜色是黄的，味道闻起来很香。

糟　菜

取腌过风瘪菜，以菜叶包之，每一小包铺一面香糟，重叠放坛内。取食时，开包食之，糟不沾菜，而菜得糟味。

【译文】

取腌过的风瘪菜，用菜叶包好，每一个小包上面铺上一层香糟，层层重叠放入缸内。拿出来吃的时候打开小包，糟不会沾到菜上，而菜里有了糟香味。

酸　菜

冬菜心风干微腌，加糖、醋、芥末，带卤入罐中，微加秋油亦可。席间醉饱之余食之，醒脾解酒。

【译文】

将冬天的芥菜心风干后稍微腌制，加入糖、醋和芥末，连卤一起倒入罐中，可以加少许酱油。宴席中酒醉饭饱之际，吃了这种酸菜可以减轻脾胃负担，使醉酒的人头脑清醒。

台菜心

取春日台菜心腌之，榨出其卤，装小瓶之中。夏日食之。风干其花，即名菜花头，可以烹肉。

【译文】

把春天的台菜心腌制后榨出卤汁，放入小瓶中装好。这道小菜适合夏天食用。风干的台菜花，就是菜花头，可以用来烧肉。

大头菜

大头菜出南京承恩寺，愈陈愈佳。入荤菜中，最能发鲜。

【译文】

大头菜出产于南京承恩寺，越是陈年的品质越好。放进荤菜中，最能引发鲜香。

萝 卜

萝卜取肥大者，酱一二日即吃，甜脆可爱。有侯尼能制为鲞，煎片如蝴蝶，长至丈许，连翩不断，亦一奇也。承恩寺有卖者，用醋为之，以陈为妙。

【译文】

挑选肥大的萝卜，酱油腌一两天就可以吃，味道甜脆可口。有个叫侯尼的人能将萝卜做成干菜，煎出来的萝卜片如同蝴蝶一样，有一丈多长，片片相连，连续不断，也是一种奇观。承恩寺有卖的，是用醋腌的，以腌制时间长的为好。

乳　腐

乳腐，以苏州温将军庙前者为佳。黑色而味鲜，有干、湿二种，有虾子腐亦鲜，微嫌腥耳。广西白乳腐最佳。王库官家制亦妙。

【译文】

乳腐以苏州温将军庙前的为上等品。颜色黑且味道鲜香，有干、湿两种。还有一种虾子腐乳也很鲜，只是稍嫌腥气。广西的白乳腐最为出名，王库官家制作的也非常不错。

酱炒三果

核桃、杏仁去皮，榛子不必去皮。先用油炮脆，再下酱，不可太焦。酱之多少，亦须相物而行。

【译文】

将核桃、杏仁去掉皮，榛子不必去皮。先用油将三种果仁炸脆，再放入酱，但不可炸得太焦。酱的多少，也必须看原料的多少而放才行。

酱石花

将石花洗净入酱中，临吃时再洗。一名"麒麟菜"。

【译文】

将石花菜清洗干净放入酱中，要吃的时候再把酱洗去。又叫"麒麟菜"。

石花糕

将石花熬烂作膏，仍用刀划开，色如蜜蜡。

【译文】

将石花熬烂制成膏状，吃时就用刀划开，颜色像蜜蜡一样。

小松菌

将清酱同松菌入锅滚热，收起，加麻油入罐中。可食二日，久则味变。

【译文】

将酱油同松茸一起放入锅中煮熟后，收汁起锅，加入麻油一起收进罐中。这菜可以吃两天，时间久了味道会变。

吐蚨

吐蚨出兴化、泰兴。有生成极嫩者，用酒酿浸之，加糖则自吐其油，名为泥螺，以无泥为佳。

【译文】

吐蚨出产于兴化、泰兴。有长得非常嫩的吐蚨，用酒酿将它浸泡，加糖后它就会自己吐油，有人把它称为泥螺，但吐蚨还是以没有泥的为好。

海蛰

用嫩海蛰，甜酒浸之，颇有风味。其光者，名为白皮，作丝，酒、醋同拌。

【译文】

将嫩海蛰放在甜酒中浸泡腌制，颇有独特的味道。表皮光的一种被称为白皮，切成丝，可与酒、醋一同凉拌吃。

虾子鱼

子鱼出苏州。小鱼生而有子。生时烹食之，较美于鲞。

【译文】

虾子鱼出产于苏州。这种小鱼天生就有鱼子。趁它活着烹制吃，比鱼干还要鲜美。

酱　姜

生姜取嫩者微腌，先用粗酱套之，再用细酱套之，凡三套而始成。古法用蝉退一个入酱，则姜久而不老。

【译文】

将嫩姜稍加盐腌制，然后先用粗酱腌制，再用细酱腌制，一共腌三次才能制好。古人的做法是把一个蝉蜕加入酱中，姜就可以长期存放而鲜脆细嫩。

酱　瓜

将瓜腌后，风干入酱，如酱姜之法。不难其甜，而难其脆。杭州施鲁箴家，制之最佳。据云：酱后晒干又酱，故皮薄而皱，上口脆。

【译文】

将黄瓜腌制，风干后放入酱中再腌，就像酱姜的方法。要它甜不难，但要它脆却比较难。杭州施鲁箴家制作得最好。据说是用酱腌后风干再腌一次，因而皮薄而起皱，吃起来香脆可口。

新蚕豆

新蚕豆之嫩者，以腌芥菜炒之，甚妙。随采随食方佳。

【译文】

取新鲜的嫩蚕豆，和腌制的芥菜同炒，吃起来味道很不错。蚕豆要随采随吃才好。

腌 蛋

腌蛋以高邮为佳，颜色红而油多。高文端公①最喜食之。席间先夹取以敬客。放盘中，总宜切开带壳，黄、白兼用；不可存黄去白，使味不全，油亦走散。

【译文】

腌蛋以高邮产的为上等品，颜色红而且油多。高晋先生最喜欢吃这种腌蛋。宴席上他会先夹取腌蛋来敬客。这种蛋放在盘中，往往适宜带壳切开，蛋黄、蛋白一起吃；不可以留下蛋黄去掉蛋白，这样会使味道不全，油也容易流失。

---

① 高文端公：高晋，字昭德，累官至文华殿大学士兼吏部尚书和漕运总督。乾隆四十三年卒，谥号"文端"。

混 套

将鸡蛋外壳微敲一小洞，将清、黄倒出，去黄用清，加浓鸡卤煨就者拌入，用箸打良久，使之融化，仍装入蛋壳中，上用纸封好，饭锅蒸熟，剥去外壳，仍浑然一鸡卵，此味极鲜。

【译文】

将鸡蛋外壳轻轻敲一个小洞，将蛋清、蛋黄倒出，去掉蛋黄留用蛋清。将炖好的浓鸡汤拌入蛋清中，用筷子长时间搅拌，使鸡汁与蛋清充分融合，然后装回蛋壳中，用纸把蛋壳上的小孔封好，放在饭锅里蒸熟。熟后剥去外壳，依旧像一个鸡蛋，这菜味道极鲜。

茭瓜①脯

茭瓜入酱，取起风干，切片成脯，与笋脯相似。

【译文】

先把茭瓜放入酱中腌制，再取出风干，切成片制成脯，味道与笋脯类似。

---

① 茭瓜：即西葫芦。

牛首①腐干

豆腐干以牛首僧制者为佳。但山下卖此物者有七家，惟晓堂和尚家所制方妙。

【译文】

豆腐干以牛首山的和尚做的为上等品。但山下卖这种食品的有七家，只有晓堂和尚家所制作的比较好。

酱王瓜②

王瓜初生时，择细者腌之入酱，脆而鲜。

【译文】

王瓜刚刚长出来的时候，选择细的放入酱中腌制，脆而且味道鲜。

---

① 牛首：牛首山，位于今南京市江宁区，因东西双峰对峙形似牛角而得名。
② 王瓜：这里说的王瓜可能指黄瓜。

点 心 单

【导读】

"点心"字面上的意思是"点着你的心"或"拨动你的心"。和其他巧妙组合起来的中文词语一样,"点心"也是一个双关语。或许也是要让厨师不要忘记他们的责任,要尽力为食客做出最美味的佳肴。

在保留了更多古汉语元素的粤语中,点心的含义更为复杂。粤语中的"点"通"掂",有订购、叫某个菜的意思。而"心"在这个语境里是心意、意向的简称。合起来的"点心"就是随着自己的心意点菜。所以对应的是早茶中单独点的"小点",而不是套餐。

在中国这个自古讲面子、讲人情的社会里,"点点心意"很早以前就成了人们走亲访友、表达感情的首选礼品。同时,点心作为日常生活食品,与中国的节日节气、地方民俗、茶余饭后的亲情交流等也紧密相连。

尤其盛唐以后,点心更成为皇家餐桌上必不可少的餐品。中国宴席极品——满汉全席也有八咸点、八甜点。地位之高,不论是欧洲的西饼,还是日本的果子,都无法望其项背。

而中国幅员辽阔,也让点心有了多种演绎方式。据周作人的《南北的点心》考证，北方常称之为"官礼茶食"，南方则多称之是"嘉湖细点"。如果非得分类，则大致可分为包、饺、糕、团、卷、饼、酥、条、冻、饭、粥等。

显然，作为江南士子，袁枚的见识和口味主要也站在江浙的立场，这一点在《点心单》中体现得尤为明显。汤面、糕团、馄饨、糖水占到了相当的篇幅。当然，其中也能找到一部分京式糕点和粤式茶点，说《点心单》是点心的百科全书略有夸张，但它确实全面展现了乾隆年间江南地区人们对于饮食的态度：尊重传统，却又在日渐频繁的地域交流中，开始包容吸纳南北各色风味。

梁昭明①以点心为小食，郑修②嫂劝叔"且点心"，由来旧矣。作《点心单》。

【译文】

梁朝昭明太子认为点心是小食，郑修的嫂子让他暂时用小食点心充饥，可见点心的名称由来已久。作《点心单》。

鳗　面

大鳗一条蒸烂，拆肉去骨，和入面中，火鸡汤清揉之，擀成面皮，小刀划成细条，入鸡汁、火腿汁、蘑菇汁滚。

【译文】

将一条大鳗鱼蒸烂，去除骨头只取肉，然后和入面里，加入适量的火腿鸡汤揉匀，擀成面皮，再用小刀将面划成细条，放进鸡、火腿和蘑菇炖的汤中煮熟。

---

① 梁昭明：萧统，字德施，南朝梁代文学家。梁武帝萧衍长子，曾被立为太子，未及即位即去世，谥号"昭明"，故后世称其为"昭明太子"。

② 郑修：宋人吴曾《能改斋漫录》中记载的人物，与其嫂有对话："治妆未毕，我未及餐，尔且可点心。"中国民间传说中，"点心"一词为韩世忠、梁红玉夫妇抗金时发明，吴曾与韩、梁夫妇同一时代，这句话应该是他本人的杜撰。

温　面

将细面下汤沥干，放碗中，用鸡肉、香蕈浓卤。临吃，各自取瓢加上。

【译文】

将细面下锅煮，熟后沥干，放入碗中，再准备鸡肉、香菇制成的浓稠的卤汁。要吃的时候，食客自己拿瓢盛取卤汁浇到面上就可以了。

鳝　面

熬鳝成卤，加面再滚。此杭州法。

【译文】

把鳝鱼肉熬成卤汁，加入面条后再煮开。这是杭州的做法。

裙带面

以小刀截面成条，微宽，则号"裙带面"。大概做面，总以汤多为佳，在碗中望不见面为妙。宁使食毕再加，以便引人入胜。此法扬州盛行，恰甚有道理。

用小刀把面切成条，要稍宽一点，这就叫"裙带面"。烹饪这种面，面汤总是以多为好，最好是看不见碗里的面，宁愿吃完不够再添，有引人入胜的感觉。这种方法在扬州非常流行，似乎很有道理。

素　面

先一日将蘑菇蓬熬汁，定清；次日将笋熬汁，加面滚上。此法扬州定慧庵僧人制之极精，不肯传人。然其大概亦可仿求。其纯黑色的，或云暗用虾汁，蘑菇原汁只宜澄去泥沙，不重换水；一换水，则原味薄矣。

【译文】

提前一天将蘑菇蓬熬汤后，把汤澄清；第二天将笋也熬汤，把面放入混合的两种汤汁里煮开。这方法扬州定慧庵和尚做得很精细，但他们不肯传授别人。不过大概做法可以模仿。那卤汁是纯黑色的，有说是暗中放了虾汤，而蘑菇原汤，只能澄清去掉泥沙，不能再换水；一换水，原来的味道就淡了。

蓑衣饼

干面用冷水调，不可多，揉擀薄后卷拢，再擀薄了，用猪油、白糖铺匀，再卷拢，擀成薄饼，用猪油煤黄。如要咸的，用葱、椒盐亦可。

干面粉用冷水和面，但不能太多。揉好后擀薄，把薄片卷拢了再擀薄，然后把猪油、白糖均匀地铺在面皮上，再卷拢了擀成薄饼，最后用猪油煎黄。如要吃咸的，用葱、椒盐当佐料也可以。

虾　饼

生虾肉，葱、盐、花椒、甜酒脚①少许，加水和面，香油灼透。

取适量生虾肉、葱、盐、花椒和少量的甜酒渣，加水和面，把面揉成饼，用香油炸透。

---

① 酒脚：酒器中的残酒、酒渣。

薄　饼

　　山东孔藩台①家制薄饼，薄若蝉翼，大若茶盘，柔腻绝伦。家人如其法为之，卒不能及，不知何故。秦②人制小锡罐，装饼三十张。每客一罐。饼小如柑。罐有盖，可以贮。馅用炒肉丝，其细如发，葱亦如之。猪、羊并用，号曰"西饼"。

【译文】

　　山东孔藩台家做的薄饼，薄得像蝉翼，有茶盘那么大，吃到口中感觉柔滑极了。我家厨子照孔家办法去做，始终不能与人家的相比，不知什么原因。陕西人制成的小锡罐，可装三十张饼。每个客人一罐，饼和柑橘一样小。锡罐配有盖子，可以贮藏。馅是切成头发丝一般细的炒熟的肉丝和葱丝，猪肉和羊肉一起用，称为"西饼"。

松　饼

　　南京莲花桥，教门方店最精。

---

① 藩台：清朝的地方行政机构中，省一级的最高军政长官为总督、巡抚。可称为"制军"、"制台"；巡抚又可称为"抚军"、"抚台"。督、抚之下设布政使，掌管一省的财赋、民政。布政使又可简称藩台、藩司。
② 秦：特指陕西，亦是陕西省的简称。

南京莲花桥，教门方店制作的松饼最好。

面老鼠

以热水和面，俟鸡汁滚时，以箸夹入，不分大小，加活菜心，别有风味。

【译文】

用热水和面，当鸡汤烧开时，用筷子把面团夹入汤锅，面团大小随意。再往汤里加进新鲜菜心，吃时别有风味。

颠不棱（即肉饺也）

糊面摊开，裹肉为馅蒸之。其讨好处，全在作馅得法，不过肉嫩、去筋、加作料而已。余到广东，吃官镇台颠不棱，甚佳。中用肉皮煨膏为馅，故觉软美。

【译文】

把面皮摊开，包上肉馅蒸熟。这种点心做得好吃的诀窍全在于调馅得法，关键是肉要嫩、去掉筋络、加入合适的佐料。我到广东，在官镇台吃颠不棱，特别好吃。其中用肉皮冻做馅，所以觉得鲜美柔软。

肉馄饨

作馄饨与饺同。

【译文】

做馄饨的方法同做饺子的方法一样。

韭　合

韭菜切末拌肉，加作料，面皮包之，入油灼之。面内加酥更妙。

【译文】

把韭菜切成末与肉馅搅拌，再加作料，用面皮包好，放进油锅煎。如果面里加些酥油就更好吃。

糖　饼（又名面衣）

糖水溲面，起油锅令热，用箸夹入；其作成饼形者，号"软锅饼"。杭州法也。

【译文】

用糖水和面做饼，将油锅烧热，用筷子把生面饼一个个夹进热油中炸，这样做成的饼叫作"软锅饼"。这是杭州人的做法。

烧 饼

用松子、胡桃仁敲碎，加糖屑、脂油，和面炙之。以两面黄为度，面加芝麻。扣儿^①会做，面罗至四五次，则白如雪矣。须用两面锅，上下放火，得奶酥更佳。

【译文】

将松子、核桃仁敲碎，加上糖屑、猪油，放在面饼里用火烤。烤成两面金黄时加芝麻。扣儿会做这种饼，当面饼翻烤四五下时，饼的颜色会白得像雪。必须用两面锅，上下都用火烧，如果加些奶酥就更好了。

千层馒头

杨参戎^②家制馒头，其白如雪，揭之如有千层。金陵人不能也。其法扬州得半，常州、无锡亦得其半。

---

① 扣儿：袁枚著述中多次出现此人，司职厨师以及替袁枚应酬安排宴客。看名字，可能是袁枚身边的家厨。
② 参戎：参将的俗称，即镇守边区的统兵官，位次于总兵、副总兵、副将。

【译文】

　　杨参戎家做的馒头，白得像雪，掰开好像有千层。南京人不会做。这种方法一半得自扬州，另一半得自常州、无锡。

面　茶

　　熬粗茶汁，炒面兑入，加芝麻酱亦可，加牛乳亦可，微加一撮盐。无乳则加奶酥、奶皮亦可。

【译文】

　　熬好粗茶汁，把炒好的面粉加进去，再加进芝麻酱也行，加入牛奶也可以，最后都得加一小撮盐。没有牛奶可以用奶酥、奶皮。

杏　酪

　　捶杏仁作浆，挍去渣，拌米粉，加糖熬之。

【译文】

　　将杏仁捶成汁，滤去残渣，把米粉拌进汁里，加糖熬。

粉　衣

如作面衣之法。加糖、加盐俱可，取其便也。

【译文】

做粉衣和做面衣的方法一样。加糖、加盐都可以，可选方便的做。

竹叶粽

取竹叶裹白糯米煮之。尖小，如初生菱角。

【译文】

用竹叶裹紧白糯米，放进水里煮。形状尖而且小，像刚长出的菱角。

萝卜汤圆

萝卜刨丝滚熟，去臭气，微干，加葱、酱拌之，放粉团中作馅，再用麻油灼之。汤滚亦可。春圃①方伯家制萝卜饼，扣儿学会，可照此法作韭菜饼、野鸡饼试之。

---

① 春圃：袁鉴，字春圃，袁枚堂弟。

把萝卜刨成丝然后煮熟，去掉气味后沥干，拌入葱和酱，包进粉团中做馅，再用麻油炸。放入热水中煮也行。袁鉴家的厨师会做这种萝卜饼，扣儿也学会了，还可以用这种方法尝试做韭菜饼、野鸡饼。

水粉汤圆

用水粉和作汤圆，滑腻异常，中用松仁、核桃、猪油、糖作馅，或嫩肉去筋丝捶烂，加葱末、秋油作馅亦可。作水粉法，以糯米浸水中一日夜，带水磨之，用布盛接，布下加灰，以去其渣，取细粉晒干用。

【译文】

用水磨粉做成的汤圆，非常滑爽细腻，用松仁、核桃、猪油、糖做馅，或是将嫩肉去掉筋丝剁烂，加葱末、酱油做馅也可以。做水磨粉的方法是把糯米浸在水中一天一夜，然后连米带水磨制，用布盛浆，布下加柴灰以去掉残渣，把细粉晒干就成了做汤圆的水磨粉。

脂油糕

用纯糯粉拌脂油，放盘中蒸熟，加冰糖捶碎，入粉中，蒸好用刀切开。

【译文】

把纯的糯米粉拌上猪油，然后放在盘中蒸熟，将捣碎的冰糖拌入糯米粉中，再蒸好后用刀切开即可。

雪花糕

蒸糯饭捣烂，用芝麻屑加糖为馅，打成一饼，再切方块。

【译文】

把蒸好的糯米饭捣烂，用研碎的芝麻屑加糖做馅，做成一整块饼，再切成小方块。

软香糕

软香糕，以苏州都林桥①为第一。其次虎邱糕，西施家为第二。南京南门外报恩寺则第三矣。

---

① 都林桥：应为都亭桥，苏州话"林""亭"不分，民间百姓多有音谬。袁枚也是道听途说，所以误写了。

苏州都林桥作坊做的软香糕为第一。其次是西施家作坊做的虎邱糕。南京南门外报恩寺作坊做的则是第三了。

百果糕

杭州北关外卖者最佳。以粉糯，多松仁、胡桃，而不放橙丁者为妙。其甜处非蜜非糖，可暂可久。家中不能得其法。

【译文】

杭州北关外卖的百果糕最好。以糕粉细糯，且松子仁、核桃仁放得多，没放橙皮丁的为好。这种糕的甜味与蜜或糖都不相同，可现吃，也可以长久保存。我家厨师没人能学会这种做法。

栗　糕

煮栗极烂，以纯糯粉加糖为糕蒸之，上加瓜仁、松子。此重阳小食也。

【译文】

把栗子煮得极烂，加入纯糯米粉和糖做成糕蒸熟，糕上面要放上瓜子仁、松子仁。这是重阳节的小吃。

青糕、青团

捣青草为汁，和粉作粉团，色如碧玉。

【译文】

把艾青捣烂榨出汁，和在糯米粉里做成团子，颜色像碧玉一样。

合欢饼

蒸糕为饭，以木印印之，如小珙璧状，入铁架燠之，微用油，方不粘架。

【译文】

像蒸饭一样蒸糕，用木印给糕打印定型，形状像小珙璧，放在铁架上烘，要稍微加些油，糕饼才不会粘在铁架上。

鸡豆①糕

研碎鸡豆，用微粉为糕，放盘中蒸之。临食，用小刀片开。

---

① 鸡豆：即鹰嘴豆，别名桃尔豆、鸡心豆等，是中亚地区重要的作物。传入中国后主要用来做风味小吃。

把鸡豆磨碎，同少量粉拌在一起做成糕，放进盘里蒸熟。临吃前用小刀切开。

鸡豆粥

磨碎鸡豆为粥，鲜者最佳，陈者亦可。加山药、茯苓尤妙。

【译文】

把鸡豆磨碎煮粥，新鲜的最好，储存时间长的也可以。加些山药、茯苓更好。

金　团

杭州金团，凿木为桃、杏、元宝之状，和粉搦成，入木印中便成。其馅不拘荤素。

【译文】

杭州金团的做法，是在木头上凿成桃、杏、元宝的形状，将和好的糯米粉捏成团，按入木模子中成型。金团的馅荤、素都可以。

藕粉、百合粉

藕粉非自磨者，信之不真。百合粉亦然。

【译文】

藕粉不是自己磨出来的，就不敢相信它是真货。百合粉也是这样。

麻　团

蒸糯米捣烂为团，用芝麻屑拌糖做馅。

【译文】

把蒸熟的糯米捣烂做成团子，里面包芝麻屑拌糖做成的馅。

芋粉团

磨芋粉晒干，和米粉用之。朝天宫道士制芋粉团，野鸡馅，极佳。

【译文】

把芋艿磨成粉后晒干，掺入米粉一起做成团子。朝天宫道士做的芋粉团，用野鸡肉做馅，味道非常好。

熟　藕

藕须贯米加糖，自煮，并汤极佳。外卖者多用灰水，味变，不可食也。余性爱食嫩藕，虽软熟而以齿决，故味在也。如老藕一煮成泥，便无味矣。

【译文】

藕应该灌糯米加糖，自己煮，最好带汤。外面卖的很多都是用石灰水煮的，味道变了，不可以吃。我天生爱吃嫩藕，虽是软熟的藕，但还有咬劲，因此所有的滋味都在。如果是老藕一煮就成了软泥，便没味儿了。

新栗、新菱

新出之栗，烂煮之，有松子仁香。厨人不肯煨烂，故金陵人有终身不知其味者。新菱亦然。金陵人待其老方食故也。

【译文】

新产的栗子煮烂会有松子仁的香味。厨师不肯费工夫炖烂，所以有的南京人一生都不知道真正好吃的栗子的味道。新产的菱角也是这样，这是因为南京人要等到它老了才吃。

莲　子

　　建莲虽贵，不如湖莲之易煮也。[①]大概小熟，抽心去皮，后下汤，用文火煨之，闷住合盖，不可开视，不可停火。如此两炷香，则莲子熟时不生骨矣。

【译文】

　　建莲虽然名贵，但不如湖莲容易煮烂。一般在莲子稍成熟时抽去莲心、去掉莲皮，然后放进水中用文火炖，其间要盖紧锅盖，不要打开看，也不可随意熄火。这样大约一个半小时的时间，莲子就熟了，不会有难咬的小硬块。

芋

　　十月天晴时，取芋子、芋头，晒之极干，放草中，勿使冻伤。春间煮食，有自然之甘。俗人不知。

【译文】

　　农历十月份天气晴好，趁这个时候把芋子、芋头晒到很干，放进干草中，不要让它们冻伤。到了春天煮着吃，有自然的甜味。这个一般人不知道。

---

① 建莲：今福建建宁产的莲子；湖莲：今湖北汉川产的莲子。

萧美人点心

仪真①南门外，萧美人善制点心，凡馒头、糕、饺之类，小巧可爱，洁白如雪。

【译文】

在仪征的南门外，有位萧美人善于制作点心，像馒头、糕、饺这些，都做得小巧可爱，颜色白得像雪一样。

刘方伯月饼

用山东飞面，作酥为皮，中用松仁、核桃仁、瓜子仁为细末，微加冰糖和猪油作馅。食之不觉甚甜，而香松柔腻，迥异寻常。

【译文】

用山东出产的飞面和面，做成酥皮，再把松子仁、核桃仁、瓜子仁研细，稍微加些冰糖和猪油做成馅。这样制成的月饼吃起来不觉得很甜，而是香松柔腻，与平常的月饼很不一样。

---

① 仪真：应为仪征，现为江苏省辖县级市，由扬州市代管，古称真州。

陶方伯十景点心

每至年节，陶方伯夫人手制点心十种，皆山东飞面所为。奇形诡状，五色纷披。食之皆甘，令人应接不暇。萨制军①云："吃孔方伯家薄饼，而天下之薄饼可废；吃陶方伯十景点心，而天下之点心可废。"自陶方伯亡，而此点心亦成《广陵散》矣。呜呼！

【译文】

每到过年时节，陶方伯夫人便会亲手制作十种点心，都是用山东生产的飞面做成的。奇形怪状，颜色丰富，吃起来甘甜可口，品种又多得令人应接不暇。萨制军说："吃孔方伯家的薄饼，感到天下的薄饼都可以不吃了；吃陶方伯家的十景点心，就会觉得天下的点心都可以不吃了。"陶方伯去世后，这些点心也像《广陵散》一样失传了。唉！

杨中丞西洋饼

用鸡蛋清和飞面作稠水，放碗中。打铜夹剪一把，头上作饼形，如蝶大，上下两面，铜合缝处不到一分。生烈火烘铜夹，撩稠水，一糊、一夹、一熯，顷刻成饼。白如

---

① 萨制军：制军是明、清时期对总督的称呼。这里说的萨制军，应是指萨载，伊尔根觉罗氏，满洲正黄旗人，曾任江南河道总督。

雪，明如绵纸，微加冰糖、松仁屑子。

【译文】

用鸡蛋清和飞面调成稠糊，放入碗中备用。特制铜夹剪一把，此夹剪头上做成饼状，如蝴蝶大小，上下两面合起，紧贴不漏缝。生大火烘铜夹，撩稠面糊放进夹里，一勺糊、一夹紧、一烘烤，很快就成为一张熟饼。这饼的颜色像雪一样白，像绵纸一样透，饼上可稍微加些冰糖、松子仁屑。

白云片

白米锅巴，薄如绵纸，以油炙之，微加白糖，上口极脆。金陵人制之最精，号"白云片"。

【译文】

白米锅巴薄得像绵纸，用油稍炸，加上少量的白糖，上口极脆。南京人做这个最精致，号称"白云片"。

风枵^①

以白粉浸透，制小片入猪油灼之，起锅时，加糖糁之，

---

① 风枵（xiāo）：吴江有一种甜茶称为"风枵茶"，湖州人把糯米锅巴叫作"风枵"，但杭州并没有这种称谓的食品。可能失传，也可能袁枚道听途说弄错了。

色白如霜，上口而化。杭人号曰"风枵"。

【译文】

将上等面粉浸透和成面团，加工成小片并用猪油炸，起锅时加上糖拌好，颜色白得像霜一样，上口就化。杭州人称这种点心为"风枵"。

三层玉带糕

以纯糯粉作糕，分作三层；一层粉，一层猪油、白糖，夹好蒸之，蒸熟切开。苏州人法也。

【译文】

把纯糯米粉做成糕，分为三层：上、下两层是米粉，中间一层是猪油、白糖，夹好蒸熟后切开。这是苏州人的制作方法。

运司糕

卢雅雨①作运司，年已老矣。扬州店中作糕献之，大加称赏。从此遂有"运司糕"之名。色白如雪，点胭脂，红如桃花。微糖作馅，淡而弥旨。以运司衙门前店作为佳。

① 卢雅雨：乾隆年进士，官至两淮盐运史，他和纪晓岚是亲家。

他店粉粗色劣。

【译文】

　　江淮转运司卢雅雨先生，年纪已经很大了。扬州有个开糕店的人做了一种糕献给他，他大大称赞了一番，从此就有了"运司糕"这一名称。这种糕色白如雪，点的胭脂红如桃花。馅里的糖很少，虽淡了些但滋味很不错。运司衙门前那家店做得最好，其他店粉粒儿粗，颜色也差。

沙　糕

　　糯粉蒸糕，中夹芝麻、糖屑。

【译文】

　　糯米粉蒸糕，中间夹芝麻、糖屑做的馅。

小馒头、小馄饨

　　作馒头如胡桃大，就蒸笼食之。每箸可夹一双。扬州物也。扬州发酵最佳。手捺之不盈半寸，放松仍隆然而高。小馄饨小如龙眼，用鸡汤下之。

把馒头做得像核桃一样小,用蒸笼蒸,吃时仍用蒸笼盛着。筷子一次可以夹两个。这是扬州的特色点心。扬州人发酵手艺最好。手把面团攥按下去,馒头不超过半寸,松开手后仍会隆起很高。小馄饨就像龙眼那样小,用鸡汤煮。

雪蒸糕法

每磨细粉,用糯米二分,粳米八分为则,一拌粉,将粉置盘中,用凉水细细洒之,以捏则如团、撒则如砂为度。将粗麻筛筛出,其剩下块搓碎,仍于筛上尽出之,前后和匀,使干湿不偏枯。以巾覆之,勿令风干日燥,听用。(水中酌加上洋糖则更有味,拌粉与市中枕儿糕法同。)一锡圈及锡钱,俱宜洗剔极净,临时略将香油和水,布蘸拭之。每一蒸后,必一洗一拭。一锡圈内将锡钱置妥,先松装粉一小半,将果馅轻置当中,后将粉松装满圈,轻轻挡平,套汤瓶上盖之,视盖口气直冲为度。取出覆之,先去圈,后去钱,饰以胭脂。两圈更递为用。一汤瓶宜洗净,置汤分寸以及肩为度。然多滚则汤易涸,宜留心看视,备热水频添。

【译文】

每一次磨细面粉,以两份糯米、八份粳米为标准,将糯米粉、粳米粉拌匀后,放入盘中,细细洒上冷水,水的多少以捏起成团、散开像细沙那样为标准。将这种湿面粉用粗麻筛筛出，剩下大块再搓碎，再筛，直到全部筛完，摊晾均匀，让它不干不湿。然后用毛巾盖起来，不要让它因风吹日晒而干燥，放一边备用。（如果在冷水中加些洋糖就更美味。拌粉的方法和市面上枕儿糕做法相同。）所有的制糕工具，包括锡圈、锡钱，都得洗刷干净，要用的时候拿香油掺些水，用布蘸着擦。每蒸完一次，一定要洗擦一次。每一锡圈内，都要将锡钱放平稳，先松松地装一小半粉；将果馅轻放当中，再将粉松松地装满锡圈，并轻轻抚平，套在汤瓶上盖好蒸制，看到盖口热气竖直冲起就好了。这时取出倒翻过来，先去掉锡圈，后去掉锡钱，用食用胭脂点一下。两个圈更替使用。其中有一只汤瓶应洗净，注水以到瓶肩的高度为宜。需要注意的是煮久了水容易干，应该留心观察，备好热水以及时添水。

作酥饼法

冷定脂油一碗，开水一碗，先将油同水搅匀，入生面尽揉，要软，如擀饼一样。外用蒸熟面入脂油，合作一处，不要硬了。然后将生面做团子，如核桃大，将熟面亦作团子，略小一晕，再将熟面团子包在生面团子中，擀成长饼，长可八寸，宽二三寸许，然后折叠如碗样，包上穰子。

【译文】

备好冷凝的猪油一碗，开水一碗，先将油和水搅匀，倒入生面里，充分地揉和直至面团柔软，像擀饼一样。另外往蒸熟的面里加入猪油，揉和在一起，不要让它变硬。然后将生面做成如核桃大小的团子，将熟面也做成略小一圈的团子，再将熟面团子包在生面团子的中间，擀成八寸长、两三寸宽的长饼，然后折叠成碗的样子，往里面包上馅。

天然饼

泾阳张荷塘明府家制天然饼，用上白飞面，加微糖及脂油为酥，随意搦成饼样，如碗大，不拘方圆，厚二分许。用洁净小鹅子石，衬而煤之，随其自为凹凸，色半黄便起，松美异常。或用盐亦可。

【译文】

泾阳张荷塘明府家做的天然饼，用的是上等白飞面粉，加少量糖及猪油起酥，随意捏成碗一样大小的饼状，形状不拘方圆，大约两分厚。再用洁净的小鹅卵石衬在下面烘烧，饼随着卵石的形状而自然凹凸，颜色半黄时便可起锅，这种饼既酥松又味美。不用糖用盐也可以。

花边月饼

明府家制花边月饼，不在山东刘方伯之下。余尝以轿迎其女厨来园制造，看用飞面拌生猪油千团百搦，才用枣肉嵌入为馅，裁如碗大，以手搦其四边菱花样。用火盆两个，上下覆而炙之。枣不去皮，取其鲜也；油不先熬，取其生也。含之上口而化，甘而不腻，松而不滞，其工夫全在搦中，愈多愈妙。

【译文】

明府家做的花边月饼不比山东刘方伯家的差。我曾用轿子接他家的女厨师来我家献艺，只见她用上等白飞面粉拌生猪油，来回搓捏千百次，才将枣肉嵌进面团做馅，然后裁得像碗口大小，用手将四边捏成菱花。用两个火盆，上下合在一起烤。枣不去掉皮，是要保留它的鲜美；油不先熬熟，是要用它的清新。这种饼含在嘴里就会化，甜而不腻，松而不黏，功夫全在面团的揉捏之中，揉捏次数越多越好。

制馒头法

偶食龙明府馒头，白细如雪，面有银光，以为是北面之故。龙云：不然，面不分南北，只要罗得极细；罗筛至五次，则自然白细，不必北面也。惟做酵最难。请其庖人来教，学之卒不能松散。

【译文】

偶然吃到龙明府家的馒头，洁白细腻，就像是雪做成的，表面还泛着银光，我以为是北方面粉做的。这位姓龙的朋友说：不是，面粉不分南北，只要非常细致地筛，筛到第五次，面粉自然白细，不一定要用北方的面粉。只是发酵最难掌握。我请龙明府的厨师来教，学了之后还是达不到又松又软的效果。

扬州洪府粽子

洪府制粽，取顶高糯米，捡其完善长白者，去其半颗散碎者，淘之极熟，用大箬①叶裹之，中放好火腿一大块，封锅闷煨一日一夜，柴薪不断。食之滑腻温柔，肉与米化。或云：即用火腿肥者斩碎，散置米中。

【译文】

洪府做粽子，用最高级的糯米，挑选其中完整、粒长、色白的，去掉半颗的、散碎的，仔仔细细地淘洗，用大张箬叶包起来。中间放上一大块上好的火腿肉，在密封的锅子里焖炖一天一夜，柴火不断。最后吃起来顺滑细腻柔软，肉与米融化在一起。有人说：也可以把肥火腿切碎，散放在米中。

---

① 箬（ruò）：竹子的一种，叶片很大，可供编制或包物等用。

饭粥单

　　"南人饭米，北人饭面"，造成这种现象的根源在于水稻和小麦在发源地及传播方向上的差异。水稻原产于中国的长江中下游，而小麦则是源自西亚的外来物种，这两种粮食作物自身的特点及中国人远古祖先的足迹在一南一北造就了二者显著不同的命运。

　　大约七千年前，小麦开始从中亚的两河流域向东西方传播。那或许是一次规模庞大的人口迁徙，从目前分子人类学的研究成果看，很多古人类都是在这次大迁徙之后迅速占领亚欧大陆各地的。

　　水稻的历史则更久，早在9000年前，长江流域的古人便已开始驯化水稻，并且开始批量种植。其碳化稻壳在浙江河姆渡遗址、田螺山遗址，湖南玉蟾岩遗址等地被发现。显然，早在新石器时期，分布在中国南方的南蛮、东夷，以及"百越"等部族便已熟练掌握水稻种植技术。

　　袁枚专为饭与衍生品粥作一章，除了表现出他作为南方人的固执的饮食习惯之外，还流露出农耕民族对粮食发自内心的尊敬和崇拜。

粥饭本也，余菜末也。本立而道生。作《饭粥单》。

【译文】

粥饭是饮食的根本，其余诸菜是饮食的末梢。根本树立了，末梢就应运而生。因而作《饭粥单》。

饭

王莽[1]云："盐者，百肴之将。"余则曰："饭者，百味之本。"《诗》称："释之溲溲，蒸之浮浮。"是古人亦吃蒸饭。然终嫌米汁不在饭中。善煮饭者，虽煮如蒸，依旧颗粒分明，入口软糯。其诀有四：一要米好，或"香稻"，或"冬霜"，或"晚米"，或"观音籼"，或"桃花籼"，舂[2]之极熟，霉天风摊播之，不使惹霉发疹。一要善淘，淘米时不惜工夫，用手揉擦，使水从箩中淋出，竟成清水，无复米色。一要用火，先武后文，闷起得宜。一要相米放水，不多不少，燥湿得宜。往往见富贵人家，讲菜不讲饭。逐末忘本，真为可笑。余不喜汤浇饭，恶失饭之本味故也。汤果佳，宁一口吃汤，一口吃饭，分前后食之，方两全其美。不得已，则用茶、用开水淘之，犹不夺饭之正味。饭之甘，在百味之上。知味者，遇好饭不必用菜。

---

[1] 王莽：字巨君，西汉末期政治家、改革家。是新朝开国皇帝。
[2] 舂：把东西放在石臼或乳钵里捣去皮壳。

王莽说："盐是百菜的将领。"我却说："饭是百味的根本。"《诗经》说："淘米的声音溲溲响，蒸饭热气腾腾。"这就可以推测古人也吃蒸饭。但我还是嫌蒸的饭米汁不在饭里。善于做饭的人，即使是用水煮也能同蒸出来的一样，依旧颗粒分明，入口松软香糯。这里边的诀窍有四个：一是要用上好的米，比如"香稻""冬霜""晚米""观音籼""桃花籼"等品种，米要春得极细，多雨的季节要摊开翻晾，不让米发霉或结小块。二是要善于淘洗，淘米时要下功夫，用手揉搓，使水从箩中沥出时，仍是清水，不再有米色。三是要用火得法，先用旺火后用小火，入锅和起锅的时机得当。四是要看米多少放水，不多不少，煮出来的饭才能干湿适宜。常常见到富贵人家，讲究菜肴不讲究米饭。舍本求末，真是可笑。我不喜欢汤泡饭，是因为讨厌失去饭本来的味道。汤确实好的话，我宁可喝一口汤，吃一口饭，前后分开来吃，才能两全其美。实在不得已，就用茶、开水淘饭，还不至于失去饭的真正味道。饭的甘美超过各种食物。懂得尝味的人遇到好饭就可以不吃菜了。

粥

见水不见米，非粥也；见米不见水，非粥也。必使水米融洽，柔腻如一，而后谓之粥。尹文端公曰："宁人等粥，毋粥等人。"此真名言，防停顿而味变汤干故也。近有为鸭粥者，入以荤腥；为八宝粥者，入以果品；俱失粥之正味。不得已，则夏用绿豆，冬用黍米，以五谷入五谷，尚属不妨。余尝食于某观察家，诸菜尚可，而饭粥粗粝，勉强咽下，归而大病。尝戏语人曰："此是五脏神暴落难时，故自禁受不得。"

【译文】

只见水而不见米，这不是粥；只见米而不见水，也不是粥。一定要使水和米融洽，柔腻如一体，才称得上是粥。尹继善先生说："宁可让人等粥，不能让粥等人。"这真是名言，是为了防止因灶火停停燃燃而使粥味道改变、汤变干。近来有人煮鸭粥，往粥里加上荤腥；也有人做八宝粥，往粥里加入果品；这些做法全都使粥失去了该有的味道。如不得已，那夏天用绿豆加入粥中，冬天把黍米加入粥里，五谷掺入五谷，还算不妨碍。我曾经在某位观察的家中用餐，各种菜还可以，但饭粥做得实在太粗糙了，我勉强咽下去，回来就大病一场。我曾就此事对人开玩笑说："这是五脏神突然落了难，所以自然经受不起。"

茶 酒 单

【导读】

《茶酒单》是《随园食单》中最另类的一章。

读前面的章节，我们都会觉得袁枚深谙庖厨之道。只有这一章，让人觉得袁枚既不爱喝茶、也不爱喝酒。

关于茶，他的认识大体局限于江南地区流行的绿茶，对发酵茶、半发酵茶几乎一无所知。虽然写到了武夷茶，又似乎完全不明白它的制作过程和茶性，只是如见识鄙陋者一般徒然感叹好喝而已。

关于酒，他更是坦言自己"性不近酒"，并且花了大量篇幅撰写黄酒，还把大部分中国文人最爱的白酒斥为"光棍"，活脱脱一个不爱饮酒，喜欢拿低度甜酒凑数的"菜鸟"。

晚清时，在甘肃敦煌的莫高窟中，人们发现了唐代王敷的《茶酒论》。此文的辩诘十分生动，且幽默有趣。茶与酒的争论针锋相对，茶显出宁静、淡泊、隐幽；酒显得热烈、豪放、辛辣，两者有着不同的品格性情，体现着不同的价值追求。追根究底，即是中国士大夫"达则兼济天下，穷则独善其身"的处世哲学。

与形而上的茶酒相比，庖厨、烹饪一直是中国文化中最下里巴人的内容之一。连袁枚自己都说"厨师是下等人才"。但很多人忽略的一点是，袁枚本人作为士大夫的代表，却对烹饪食物更感兴趣，而对茶酒敬而远之。虽然还是为茶酒单列一章，但仔细看过，这一章出现的"俗"字，可能是所有章节中最多的。

七碗生风，一杯忘世，非饮用六清①不可。作《茶酒单》。

【译文】

喝七碗茶能使两腋生清风，饮一杯酒能使人忘掉世间烦恼，所以一定要饮用六清。因此作《茶酒单》。

茶

欲治好茶，先藏好水。水求中泠②、惠泉③。人家中何能置驿而办？然天泉水、雪水，力能藏之。水新则味辣，陈则味甘。尝尽天下之茶，以武夷山顶所生，冲开白色者为第一。然入贡尚不能多，况民间乎？其次，莫如龙井。清明前者，号"莲心"，太觉味淡，以多用为妙；雨前最好，一旗一枪，绿如碧玉。收法须用小纸包，每包四两，放石灰坛中，过十日则换石灰，上用纸盖札住，否则气出而色味全变矣。烹时用武火，用穿心罐④，一滚便泡，滚久则水味变矣。停滚再泡，则叶浮矣。一泡便饮，用盖掩之，则味又变矣。此中消息，间不容发也。山西裴中丞尝谓人

---

① 六清：语出《周礼·天官·膳夫》："凡王之馈……饮用六清。"郑玄注："六清，水、浆、醴、凉、医、酏。"后用六清泛指饮料。

② 中泠：泉名，也叫中濡泉、南泠泉，位于今江苏镇江金山寺外。

③ 惠泉：即惠山泉，相传经唐代陆羽亲品其味，乾隆御封为"天下第二泉"，位于今江苏无锡西郊惠山山麓锡惠公园内。

④ 穿心罐：一种特制的有暗格通风，能让水迅速冷却的水罐。

曰："余昨日过随园，才吃一杯好茶。"呜呼！公山西人也，能为此言。而我见士大夫生长杭州，一入宦场便吃熬茶，其苦如药，其色如血。此不过肠肥脑满之人吃槟榔法也。俗矣！除吾乡龙井外，余以为可饮者，胪列于后。

【译文】

想泡好茶，得先贮藏上等好水。水中最好的是中泠、惠泉之水。一般人的家中哪能专设驿站运送这种水？然而天然泉水、雪水，是可以尽量贮藏一些的。新汲的水味辣，贮存久了的水味道就较甜。我尝遍天下的茶，认为武夷山顶所产，冲开后呈白色的茶为第一。然而这种茶进贡朝廷尚且数量不多，百姓就更难喝到了。其次，没有其他茶比得过龙井了。清明前采摘的，叫"莲心"，这种茶味太淡了，要多用一些才好；雨水前采摘的最好，每枚茶都有一芽一叶，绿得像碧玉。收藏时必须用小纸包，每包四两，放进石灰缸中，每隔十天得换新的石灰，缸口上用纸盖扎紧，如果漏气了，那么茶的颜色、味道就全变了。烹煮时要用旺火，并用穿心罐，水一开便泡，沸腾太久水味就会变了。要是水不滚就泡，茶叶会浮在水面上。一泡就喝，用盖子紧盖杯子，茶味就又变了。泡茶的详细要领不容一丝一毫的差异。山西裴中丞曾对人说："我昨日拜访了袁枚，才喝上一杯好茶。"唉，裴中丞是山西人，都能说这个话。而我发现生长在杭州的士大夫，一入官场便喝煮茶，那茶味苦得如同药一般，那茶色红得像血一样。这不过和肠肥脑满的人吃槟榔的做法一样。俗气！除了我故乡的龙井外，我认为值得饮的茶，现列在下面。

武夷茶

余向不喜武夷茶，嫌其浓苦如饮药。然丙午秋，余游武夷到曼亭峰、天游寺诸处。僧道争以茶献。杯小如胡桃，壶小如香橼，每斟无一两。上口不忍遽咽，先嗅其香，再试其味，徐徐咀嚼而体贴之。果然清芬扑鼻，舌有余甘，一杯之后，再试一二杯，令人释躁平矜，怡情悦性。始觉龙井虽清而味薄矣，阳羡①虽佳而韵逊矣。颇有玉与水晶，品格不同之故。故武夷享天下盛名，真乃不忝。且可以瀹②至三次，而其味犹未尽。

【译文】

我向来不喜欢喝武夷茶，嫌它又浓又苦像喝药。但是丙午年的秋天，我游武夷山来到曼亭峰、天游寺等地。和尚和道士争着请我喝茶。他们使用的茶杯小如胡桃，茶壶小如香橼果，每一壶容量还不到一两。让人上口后不忍立即咽下去，而是先闻茶的香味，再品一品茶的味道，慢慢地体味它。果然清香扑鼻，舌上留有甘甜，喝了一杯之后，再尝试一两杯，会使人急躁和傲慢的心情放松，变得平静和愉快。我这才觉得龙井虽然清新但味淡了些。阳羡虽好但韵味稍差些。就像玉与水晶对比，品格不同。因此，武夷茶享有盛名，还真是没有辱没这个好名声。而且，此茶

---

① 阳羡：指产于江苏宜兴的阳羡茶。
② 瀹（yuè）：这里指泡茶。

可以泡三次以上，味儿还未散尽。

龙井茶

杭州山茶，处处皆清，不过以龙井为最耳。每还乡上冢，见管坟人家送一杯茶，水清茶绿，富贵所不能吃者也。

【译文】

杭州的山茶，每个地方所产的都很清香，不过龙井茶最好。我每次返乡扫墓，都会看到管坟地的人家送上一杯茶来，水清茶绿，这是富贵人家也喝不到的啊。

常州阳羡茶

阳羡茶，深碧色，形如雀舌，又如巨米。味较龙井略浓。

【译文】

阳羡茶颜色深绿，茶叶形状像鸟雀的舌头，又像大的米粒。味道比龙井略浓。

洞庭君山茶

洞庭君山出茶，色味与龙井相同，叶微宽而绿过之，采掇最少。方毓川①抚军曾惠两瓶，果然佳绝，后有送者，俱非真君山物矣。

此外如六安、银针、毛尖、梅片、安化②，概行黜落。

【译文】

洞庭君山出产的茶，颜色、气味与龙井茶相同，叶子稍微宽一点但比龙井更绿，采摘的量很少。方毓川巡抚曾送给我两瓶，果然非常好。后来又有人送的，都不是真正的君山茶。

此外如六安茶、银针茶、毛尖茶、梅片茶、安化茶，依次位列其后。

酒

余性不近酒，故律酒过严，转能深知酒味。今海内动行绍兴，然沧酒③之清，浔酒④之冽，川酒之鲜，岂在绍兴

---

① 方毓川：方世俊，字毓川，安徽桐城人。
② 六安、银针、毛尖、梅片、安化：六安，指安徽的六安瓜片茶；银针，指福建的白毫银针茶；毛尖，指河南的信阳毛尖茶；梅片，指品质较低，出产于梅雨时节的六安瓜片茶；安化，指湖南的安化黑茶。
③ 沧酒：纪晓岚的《阅微草堂笔记》记载，清代河北沧州出产名酒，品质十分优异，"饮至极醉，也不过四肢畅适，恬然高卧而已，与常酒大不相同"。
④ 浔酒：浔阳的酒，即今天江西九江的酒。白居易有诗："不醉浔阳酒，烟波愁杀人。"

下哉！大概酒似耆老宿儒①，越陈越贵，以初开坛者为佳，谚所谓"酒头茶脚"是也。炖法不及则凉，太过则老，近火则味变，须隔水炖，而谨塞其出气处才佳。取可饮者，开列于后。

【译文】

我天性不爱饮酒，因此对酒的要求很高，进而能品出酒的好坏。现全国各地正流行喝绍兴酒，然而，沧州酒的清醇，浔阳酒的香冽，四川酒的鲜美，难道都排在绍兴酒的下面吗？大概酒像耆老宿儒，越陈越珍贵，又以刚开坛的为最佳，正如谚语所说的"酒头茶脚"那样。温酒时，时间不够酒仍是凉的，时间过长酒就老了，靠近火酒就会变味，必须隔水炖，并且要小心塞住漏气的地方才可以。现选取值得喝的几种酒，逐个列在下面。

金坛于酒

于文襄公②家所造，有甜、涩二种，以涩者为佳。一清彻骨，色如松花。其味略似绍兴，而清冽过之。

---

① 耆老宿儒：耆老，德行高尚受尊敬的老人；宿儒，年龄较长素有声望的博学之士。
② 于文襄公：于敏中，字叔子，谥文襄，江苏金坛人。官至文华殿大学士兼军机大臣，在乾隆朝为汉臣首揆执政最久者。

这种酒是于敏中先生家酿造的，有甜、涩两种口味，以味涩的为上品。酒水清澈、透明，颜色如同松花。它的味道略像绍兴酒，但比绍兴酒清冽。

德州卢酒

卢雅雨转运家所造，色如于酒，但味略厚。

【译文】

卢雅雨转运史家所酿造的酒，颜色像金坛于酒，但味道要比于酒略微醇厚些。

四川郫筒酒

郫筒酒，清冽彻底，饮之如梨汁蔗浆，不知其为酒也。但从四川万里而来，鲜有不味变者。余七饮郫筒，惟杨笠湖①刺史木簰上所带为佳。

【译文】

四川的郫筒酒，酒色清澈，喝时感觉像梨汁或甘蔗浆，竟然

---

① 杨笠湖：杨潮观，字宏度，号笠湖，江苏无锡人，清代戏曲家。袁枚与杨潮观交情深厚，两人是"总角之交"。

感觉不到喝的是酒。但这酒从四川那么远的地方运过来，很少有不变味的。我喝过七次郫筒酒，只有杨笠湖刺史木筏运来的最好。

绍兴酒

绍兴酒，如清官廉吏，不参一毫假，而其味方真。又如名士耆英①，长留人间，阅尽世故，而其质愈厚。故绍兴酒，不过五年者不可饮，参水者，亦不能过五年。余常称绍兴为名士，烧酒为光棍。

【译文】

绍兴酒像清明廉洁的官吏，不掺一丝一毫的假，酒的味道才真正醇香。又如同有名望的人长久生活在人间，历尽世事变故其品质越加淳厚。所以不超过五年的绍兴酒不能喝，掺水的酒也存放不了五年。我常说绍兴酒是名士，而烧酒是光棍。

湖州南浔酒

湖州南浔酒，味似绍兴，而清辣过之。亦以过三年者为佳。

---

① 耆英：对高年硕德者的敬称。

【译文】

　　湖州南浔酒，味道像绍兴酒，但清辣程度超过绍兴酒。同样以存放超过三年的为好。

常州兰陵酒

　　唐诗有"兰陵美酒郁金香，玉碗盛来琥珀光"之句。余过常州，相国刘文定公①饮以八年陈酒，果有琥珀之光。然味太浓厚，不复有清远之意矣。宜兴有蜀山酒，亦复相似。至于无锡酒，用天下第二泉所作，本是佳品，而被市井人苟且为之，遂至浇淳散朴，殊可惜也。据云有佳者，恰未曾饮过。

【译文】

　　唐诗中有"兰陵美酒郁金香，玉碗盛来琥珀光"的诗句。我经过常州的时候，刘纶先生用八年的陈酒来款待我，那酒果然有琥珀的光泽。但是味道太浓厚，不再有清远的意境了。宜兴有一种蜀山酒，倒也很像刘家的酒。至于无锡酒，是用天下第二泉所造，原本是佳品，可是被一些市井商人粗制滥造，于是失去了

---

① 相国刘文定公：刘纶，字如叔，号绳庵，谥文定，江苏武进人。擅古文辞，亦能诗。初为两江总督尹继善幕僚，后入内阁，与大学士刘统勋同辅政，有"南刘东刘"之称。相国本指宰相，清朝没有真正的"相国"官职，俗称的相国实际上是对内阁大学士的一种称呼。

本来淳朴的特性，实在是可惜。据说也有好的，但我不曾喝过。

溧阳乌饭酒

余素不饮，丙戌年在溧水叶比部家，饮乌饭酒至十六杯，傍人大骇，来相劝止。而余犹颓然，未忍释手。其色黑，其味甘鲜，口不能言其妙。据云：溧水风俗，生一女必造酒一坛，以青精饭①为之。俟嫁此女才饮此酒。以故极早亦须十五六年。打瓮时只剩半坛，质能胶口，香闻室外。

【译文】

我一向不善饮酒。丙戌年我在溧水县的叶比部家喝过乌饭酒，喝到第十六杯的时候，桌上的朋友都吓坏了，纷纷前来劝止。而我仍怅然若失，不舍得放下酒杯。这种酒是黑色的，味道甜美，用语言不能形容此酒的妙处。据说：溧水县的风俗是生一个女儿定要酿酒一坛，这酒是用青精饭酿制的。等女儿出嫁时才能开坛饮酒。因此，最早开坛的酒也至少得十五六年。打开酒瓮时只剩半坛酒，酒质浓厚粘唇，香味能飘到屋外。

苏州陈三白

乾隆三十年，余饮于苏州周慕庵家。酒味鲜美，上口

---

① 青精饭：又称乌米饭，江南地区传统点心，用糯米染乌饭树汁煮成，颜色乌青。

粘唇，在杯满而不溢。饮至十四杯，而不知是何酒，问之，主人曰："陈十余年之三白酒也。"因余爱之，次日再送一坛来，则全然不是矣。甚矣！世间尤物之难多得也。按郑康成[1]《周官》注"盎齐"云："盎者翁翁然，如今酂白。"疑即此酒。

【译文】

  乾隆三十年，我在苏州周慕庵家喝酒。他家的酒味道鲜美，上口就粘唇，倒在杯里满了都不流出来。我喝到第十四杯时，还不知道是什么酒，便问，主人说："这是存放了十余年的三白酒"。因为我喜欢，第二天主人又送一坛来，却完全不是昨天所喝的那味道。差得太多了！人世间的好东西，实在很难多得。按郑玄在《周礼·天官·酒正》注解"盎齐"里所说："盎者翁翁然，如今酂白。"我怀疑说的就是这种酒。

金华酒

  金华酒，有绍兴之清，无其涩；有女贞[2]之甜，无其俗。亦以陈者为佳。盖金华一路，水清之故也。

---

① 郑康成：郑玄，字康成，北海高密人。东汉末年儒家学者、经学大师。

② 女贞：女贞酒，即女儿酒，北方称"南酒"，南方人称"老酒"，意为贮藏多年的陈年好酒。

金华酒，有绍兴酒的清爽，却没有它的涩味；有女贞酒的甘甜，却没有它的俗气。此酒仍然以陈的为佳。大概是金华这一带地方水好的缘故。

山西汾酒

既吃烧酒，以狠为佳。汾酒乃烧酒之至狠者。余谓烧酒者，人中之光棍，县中之酷吏也。打擂台，非光棍不可；除盗贼，非酷吏不可；驱风寒，消积滞，非烧酒不可。汾酒之下，山东膏粱烧次之，能藏至十年，则酒色变绿，上口转甜，亦犹光棍做久，便无火气，殊可交也。常见童二树[①]家，泡烧酒十斤，用枸杞四两、苍术二两、巴戟天一两，布扎一月开瓮，甚香。如吃猪头、羊尾、跳神肉之类，非烧酒不可，亦各有所宜也。

此外如苏州之女贞、福贞、元燥，宣州之豆酒，通州之枣儿红，俱不入流品，至不堪者，扬州之木瓜也，上口便俗。

【译文】

如果是喝烧酒，那就以劲儿大的为好。汾酒是烧酒中最烈

---

① 童二树：童钰，清代画家。字璞岩，一字树，又字二如、二树，别号二树山人。

的。我形容烧酒是人中的光棍，县衙中的酷吏。打擂台非光棍不可，除盗贼非酷吏不可；驱除风寒，消除体内积滞，也非烧酒不可。汾酒以下，山东高粱烧为第二烈，如果能贮藏满十年的话，酒色就会变绿，一沾口，味道就变甜，像光棍做久了，火气也消失了，完全可以与他交友了。我常见童钰家泡十斤烧酒，取四两枸杞、二两苍术、一两巴戟天放入酒中，用布扎紧瓮口，一个月后开瓮，很香。如果是吃猪头、羊尾、白切肉这类东西，非喝烧酒不可，酒也应各有适宜的搭配。

此外如苏州的女贞酒、福贞酒、元燥酒，宣州的豆酒，通州的枣儿红，都是不入流的酒，最让人不能忍受的是扬州的木瓜酒，一入口便觉得俗。

图书在版编目（CIP）数据

随园食单／（清）袁枚著；魏水华注译．—长沙：岳麓书社，2021.8
（小品雅集）
ISBN 978-7-5538-1317-2

Ⅰ.①随…　Ⅱ.①袁…②魏…　Ⅲ.①烹饪—中国—清前期②食谱—
中国—清前期③菜谱—中国—清前期　Ⅳ.①TS972.117

中国版本图书馆 CIP 数据核字（2021）第 088841 号

SUIYUAN SHIDAN

随园食单

作　　者：〔清〕袁　枚
注　　译：魏水华
责任编辑：李郑龙
责任校对：舒　舍
封面设计：贺红梅

岳麓书社出版发行

地址：湖南省长沙市爱民路 47 号

直销电话：0731-88804152　0731-88885616

版次：2021 年 8 月第 1 版
印次：2021 年 8 月第 1 次印刷
开本：889mm×1194mm　1/32
印张：8.25
字数：168 千字
书号：ISBN 978-7-5538-1317-2
定价：38.00 元

承印：湖南省众鑫印务有限公司

如有印装质量问题，请与本社印务部联系
电话：0731-88884129